マツが姿を消し、タケが勢力を伸ばす里山　京都・京丹波
(「木にタケを接ぐ」「マツも昔の友ならなくに」)

シイの花盛り　奈良・春日山(「山笑う」)

タケが着生するムクロジ　奈良公園（「木にタケを接ぐ」）

炭焼き山の薪炭林　滋賀・山門水源の森（「適「採」適所」）

"Tree roots are twice as wide as the tree is tall but only a metre deep"
イギリス　キュー・ガーデン（「縁の下の力持ち」）

ナラ枯れ（「ここと思えばまたあちら」）

幹から白い木屑を出して枯れてゆく

京都・上賀茂

マツに咲いたサクラ　京都御苑（「「花」報は寝てマツ」）

台風で被害を受けた木々　京都御苑（「樹静かならんと欲すれども風止まず」）

マツ枯れ（「ここと思えばまたあちら」）

京都御苑

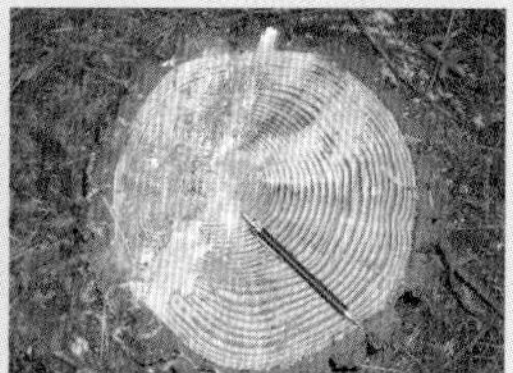

突然枯死するため、
年輪幅は広いまま

台風で被害を受けた木々　京都府立植物園
（「樹静かならんと欲すれども風止まず」）

台風前のクス並木　京都府立植物園

続 ことわざの生態学

―森・人・環境考―

只木良也 著

丸善出版

まえがき

二十五年前、一九九七（平成九）年に上梓した『ことわざの生態学』は、故事ことわざのたぐいを生態学的・森林科学的に解釈し、文明・社会学的な色付けをして綴ったものでした。「まだまだ書くべきネタがあるんじゃないか」と思っているうちに、名古屋大学を定年退官、環境アセスメントの会社勤務を経て、二〇一二年からは新設の京都府立林業大学校へと、私の立場は大きく変わりました。

世の中の変化はそれ以上で、専門である森林や環境の分野でも大きな動きがありました。猛威を振るうマツ枯れ、ナラ枯れ。迷走する日本の林業政策。各国の思惑が入り乱れる気候変動対策と二酸化炭素問題。国際的に発信されたＳＡＴＯＹＡＭＡという言葉……。こうした問題・話題に接するたびに、「まさにこのこと」と故事ことわざを連想し、ダジャレ・こじつけが頭に浮かびました。そしてこれらも、いずれ書かねばならぬと思ってきました。

そのうちのいくつかは、二〇〇一年・〇二年に「森林インストラクター会報」（全国森林インストラクター会）[※1]に読み切り連載として、また、二〇一〇年に「グリーン・パワー」誌（森林文化協会）[※2]に「ことわざの森林学」のタイトルで連載する機会をいただきました。また、二〇〇九年からは私のウェブサイト「森林雑学研究室」でも発信してきました。

本書は、これらの原稿をもとに全面的に書き下ろしたものです。

前作のあとがきで、私は「この本から、永い歴史の間に自然が巧まずして生み出してきたルールに学び、それを人間社会にも応用すること、目先の利益でなく総合的な視野で眺める態度が必要だと少しでも感じてもらえたら」と書きました。

地球温暖化に代表される環境破壊の現実に直面してもなお、人間は自然をコントロールできるものだと思い込み、文明とは開発によって森林を破壊し都市化するものだと錯覚しているように思います。だからこそ今、故事ことわざを通して自然に親しみ、その叡智を学んで、環境について考えてほしい。本書がその一助になってほしいと願っています。

只木　良也

※1　全国森林インストラクター会（現、一般社団法人日本森林インストラクター協会）
※2　財団法人森林文化協会（現、公益財団法人森林文化協会）

目次

目　次

梅花五福を開く

梅花五福を開く

五福とは、人としての五つの幸福。寿命の長いこと、財力の豊かなこと、無病息災であること、徳を好むこと、天命を全うすることを言い、ウメの木は、この「五つの福を全うしてくれる」と、原産地である中国で古くから信じられてきたといいます。

いろいろな花の先陣を切って、まだ寒い時期から花開き、匂いを放つ。あの凛《りん》とした気品は、昔ばかりでなく今も愛される理由。「花の兄」の名もあるとか。

「好文木」という異名も。もちろんこれも日本に伝わっており、鎌倉時代の説話集『十訓抄』に「唐国の帝、文を好み給ひければ開け、学問おこたり給へば散りしぼみける梅はありけれ」とあります。唐国の帝とは晋の武帝のことで、彼が学問をするとウメの花が咲き、やめると散ってしおれてしまったという故事があるのだそうです。

学問の神様、天神様として崇められる菅原道真は、ウメをことのほか好みました。晩年、藤原時平の讒言《ざんげん》により九州・太宰府へ左遷されるとき、京都の邸内にあったウメの木に別れを告げて「東風《こち》吹かばにほひおこせよ梅の花　主《あるじ》なしとて春な忘れそ」と詠み、ウメが後を追って太宰府まで飛んで行ったという飛梅の伝説はあまりにも有名です。

「好文木」の故事や道真による寵愛からの連想か、ウメの花にはとりわけ学問的な雰囲気が漂うような気がします。日本では、花の開くのがちょうど入学試験の時期にあたるということもあるかもしれません。

平安の頃から「花」といえばサクラですが、それ以前はウメのことだったとか。万葉集の中にも多数登場し、サクラを詠んだ歌四四首に対して、ウメは一一八首と倍以上も。そして、雛人形でおなじみの右近の橘、左近の桜も、その御本家ともいうべき京都御所の紫宸殿において、平安遷都（七九四年）のときにはサクラではなくウメが植えられて、平安中期（九六〇年頃）までは「左近の梅」だったということです。

ウメの伝来の時期には諸説ありますが、まず、薬用の「梅干」として、次いでタネや生木がわが国にもたらされたとか。万葉集の時代にはすでに日本で広く愛されていました。日本文化の源流は中国。ウメの木と共にその文化や思考がわが国へ持ち込まれたのは当然で、とくに文化人・上流階級社会では、当時の先進国中国のものとして大事にされたのは想像に難くありません。

ウメをはじめとする春に咲く樹木の花の芽のもとは、実は前年の夏、気温の高い季節にできています。

以降、昼間の長さで時期をはかりながら春まで休眠。その後、花開くべき春に至るまでの冬の間の、ある一定の低温条件が満足されると休眠から醒め、暖かくなるのに伴って花開きます。暖かくなれば花開くのは間違いないのですが、その前に、冬の寒さが不可欠。これは間違えて秋に咲かないようにという安全対策なのです。

春の花には寒さが必要。このことについて、二〇一〇年、私のウェブサイト「森林雑学研究室」に、

昨今話題の「温暖化」、温暖化になれば、花見が早くからできるなんて、のんきなことは言っていられません。温暖化進行すれば、花の咲かないことが……。ちょっと心配が過ぎましたかな。

と書きました。その後の事態は、どうやら危惧したとおりに進んでいるようです。気象庁によれば、二〇一九年十二月～二〇二〇年二月の平均気温は平年値を一・六六度上回り、これは一八九八（明治三十一）年統計開始以来最高の数値だとか。そのためあちこちで開花が早まり、日本列島を暖地から寒地へと移動する開花前線（標準木はソメイヨシノ）は、関西で六日、東京で一二日、仙台では一四日も平年より前倒しだったといいます。

こうした状況を受けて、二〇二〇年春のウェブサイトには、次のように書くことになってしまいました。

冬に例年ほど気温が下がらないということは、芽が休眠から醒めるための低温条件がクリアしにくくなるということ。つまり、「寒さ」が足りないわけですから、条件が厳しい樹種・品種は、その条件達成に、より多くの日数を費やさねばならなくなるというわけです。

この、暖冬が開花を遅らせるという現象が、開花宣言の標本木とされるほどポピュラーな樹種・ソメイヨシノでも起こり始めているようです。

地球温暖化が今後さらに進行すれば、これまでは当然のことだった「寒さ」が得られず、休眠解除のための低温条件が達成できなくなっていくことも想定されます。

果たしてウメの咲かない事態はやってきてしまうのでしょうか。

人としての五つの幸福どころか、早春にあの姿を愛でるという小さな幸福を手放さざるを得なくなるなど、考えたくはないのですが。

柳は緑、花はくれない

まずは名古屋市内のさる街角の写真を二枚。ビルの前の歩道のシダレヤナギ（写真上）と街路灯と並んだプラタナス（写真下）、白黒写真ではいささかわかりにくいのですが、いずれも葉が青々とついているという何の変哲もない風景です。しかし、撮影の日が一月末といえば、ハハ〜ンとおわかり戴ける方もあるかと思います。そう、他の木は落葉しているのに、緑なのです。そして両方の木とも、例年三月まで緑のまま、四月には新葉を開くのです。

言うまでもなくいずれも落葉樹。一月末ですから、本来ならば葉はないはず。実はこの街角に限らず、また特にヤナギとプラタナスに限らず、この落葉樹「常緑化」現象は各地の市街地で、ちょっと気をつければ、どなたでもご覧になれるはずです。

東京あたりでもこうした現象を見かけるようになったのは、昭和四十年代後半のことではなかったでしょうか。

ではその原因はなんでしょう。当然、まず誰もが考えそうな都市の温暖化説もありましたが、この現象はどうも夜間照明による「日長効果」らしいのです。注意してみれば、常緑化現象が見られる木のほとんどは、街路灯や夜間営業の店舗の脇、照明煌々たるビルの窓下など夜も明るいところにあると言えそうです。とすれば、街中でなくとも夜間明るいインターチェンジの周辺の木や、ライトアップされているモニュメント周りの木なども、常緑化しやすいかもしれません。

植物も移り変わりゆく季節を知る必要があります。これは季節に応じた生命活動を展開しなければならないからに他なりません。植物が季節を知る手段としては、気温よりも日の長さが重要で、つまり一日二四時間の中での昼と夜（明期と暗期）の長さの割合が大いに関係するといわれています。夜間照明の明るさはもちろん昼間の太陽光に比べるべくもなく、たいていは光合成のできない程度の明るさです。しかし、その明るさでも樹木は昼と感じているようです。

日長効果とは、こうした明期と暗期の長さが生物の生理

現象に影響することを言います。日長効果は、植物のさまざまな生命活動に関係しています。明と暗の繰り返しは、植物の生活に正確なリズムを与えているといってよいでしょう。そのなかでよくいわれるのは、開花に及ぼす影響です。明期がある一定時間以上に達しないと開花しない植物（長日植物）、逆に暗期がある一定時間に達して開花する植物（短日植物）両方がありますが、樹木はほとんどのものが前者、すなわち長日植物です。たとえば、カラマツの翌春の葉の芽、つまり冬芽ができるのは、前年の初夏の頃、昼の割合がもっとも長くなる頃だといわれます。前の年のうちに準備をしておかないと、次の年の葉も開かず、花も咲きません。

夜間照明は、明期を長くしているわけですから、樹木はだんだんと寒い冬に至っていることが判断できず、落葉しない、もう少し正確にいえば落葉が遅れる、ということになります。これも日長効果の一種と考えられます。もちろん、秋の落葉は急激な冷え込みがきっかけになりますが、温暖化が進むなか、市街地では山野ほど冷え込みが厳しくないことも関係しているかもしれません。

近頃流行の街路樹等の枝を飾る電飾イルミネーション。なかなかきれいですが、かつて新聞紙上で、電飾が樹木に与える影響はないかという質問を見かけました。冬に電飾しても、光合成できるほどの光量でなし、温度がそんなに上がるわけでもなしで、樹木には影響なしというのがその回答だったと記憶しています。しかしながら、電飾も長日処理をしているのと同じですから、長年続くと樹木の生活リズムを狂わせる恐れがないとは言い切れないのではないでしょうか。

夜間照明が落葉樹の落葉を遅らせる、それはすなわち樹木が冬に耐える態勢を整えていないということですから、その間に急激な寒さに遭うなどのことがあれば障害の起こる可能性は十分にあります。また生活リズムの狂い、とすれば、いずれ春の開葉や開花に影響が及ぶことも考えられます。今のところ確かな例を聞きませんが。落葉樹だというのに冬も葉が青々としているだけでなく、春に開くべき葉が開かない、咲くべき花が咲かない。そんなことは、取り越し苦労であって欲しいものです。

十一世紀、北宗の詩人・蘇東波《そとうば》の名句と伝えられる「柳は緑、花は紅」。原文は「柳緑花紅」とのことで、春、葉が開き花が咲くと、春の景色の美しさを賛えながら、世はさまざま、物事もさまざまなれどそれぞれ自然の理にかなっていることを説いているといいます。また、自然のままで、人の力が加わっていないことを表すとも。

不届きながらこれをもじって、夜間照明で「柳は緑、花は（咲いて）くれない」。いかがでしょうか。

うろ覚え

二〇一〇（平成二十二）年三月十日未明の強風で、鎌倉・鶴岡八幡宮の石段横に威容を誇っていたイチョウが倒れました。八幡宮の資料によると高さ三〇メートル、幹周囲六・八メートル。鎌倉時代、八幡宮別当・公暁がこの木に身を隠し、参詣を終えた三代将軍・源実朝を暗殺したことから、「隠れ銀杏」と呼ばれていた伝説の木といえば、思いあたる方も多いのではないでしょうか。神奈川県指定天然記念物。付近に誰もいない時間に、周囲の建物や文化財に被害を及ぼすことなく、また横の石段に倒れかかって道をふさぐこともなく、お見事としか言いようのない最期でした。

ただ余計なことですが、この実朝暗殺事件は一二一九（建保七）年。その当時に人が隠れるほどの大木だったということならば、すくなくとも倒木時の樹齢は九〇〇歳くらいの計算になります。ゆえに、さすがに今回倒れたのは二代目のイチョウだろう、というのが学術的な見解です。

イチョウは、地質時代のジュラ紀に繁栄した樹木で、わが国には自生するものがなく、中国から移入したという説が有力です。おそらく仏教と一緒にやってきて、社寺などに植栽されたのでしょう。宗教色が濃いのか、家屋敷内にはあまり植栽されません。

さて、倒れたこの大イチョウを見ると、太い幹のなかが空洞になっているのがよくわかります。

幹で生きているのは、形成層といわれる一番外側だけです。内部は死んでいるから、腐っていって空洞になります。もちろん樹種によって腐りやすいもの、そうでないものの違いはありますが。この大イチョウについてはかなりの古木だったので、幹の内部が腐朽空洞化しているのは想定の範囲内であったと思われます。

その空洞のことをウロといいます。熊が冬ごもりしたり、民話で精霊が住んでいたり、また、旅人が雨やどりをしたりする穴です。がっしりとした幹のなかに大きな穴を抱えている、こうした木の状態が「うろ覚え」という言葉の語源ともいわれます。ちゃんとしているように見えて、実は中が空洞、つまりあいまいという意味です。

ところで、大木といえばよく例にあがる屋久島の

鶴岡八幡宮の大イチョウ 倒木直後（2010年）

縄文杉ですが、こちらも中の空洞が見えています。この話をすると、「じゃあ、樹齢七〇〇〇年っていうけど、伐ってみても伐り株の年輪が数えられないじゃない?」といわれます。そのとおり、縄文杉の樹齢は、実は推定なのです。

ちなみに、現在の通説では、縄文杉の樹齢は七〇〇〇年ではなくて、三五〇〇年ほどということになっています。以前、国際会議で「縄文杉は樹齢七〇〇〇年、世界最高樹齢」との紹介があったところ、アメリカの学者から「わが国にある世界一の樹を否定してもらっては困る、日本が間違っているかもしれないではないか」と物言いがつきました。そこで空洞の部分の樹齢を推定する方法を考え出して計算してみたところ約三五〇〇年だったと。以来、三五〇〇歳が定説となったのです。それでも、実際に数えることはできないわけですが。

もちろん、すべての大木の幹が空洞というわけではありません。ちゃんと中身が詰まっている木も多数あります。というか、神社の建築に使うヒノキ材などは、中身が詰まっていないと困ります。たとえば式年遷宮で有名な伊勢神宮の建築材は長野県の木曽谷などから伐り出されます(「引く手あまた」)。その神事を御杣始祭《みそまはじめ》といいますが、参列者がいる前でいざ伐り倒してみたら空洞だった、などということになったら一大事ですから、伐採する木を見極める役目の人がちゃんといるそうです。

さて鎌倉の大イチョウ、倒伏から十年以上過ぎて、現在は残っていた根に近い部分から生えたひこばえが立派に成長し、木が育っているそうです。隣には倒伏したイチョウの幹部分が移植されていて、こちらからもひこばえが出ているとか。

　幹の中間部の数メートル分は、八幡宮内の鎌倉文華館鶴岡ミュージアム内の喫茶コーナーに鎮座して、インテリアの一部になっているそうです。いつか訪れて、歴史の証人の木と一緒にお茶など飲んでみたいものです。

難を転ずる

冬も緑の葉をつけている常緑樹は「常磐木《ときわぎ》」と呼ばれ、縁起が良いとされています。その代表はやはりマツですが、ナンテンも負けていません。理由はやはり「ナンテン」という名が「難を転ずる」に通じるからでしょう。お正月の飾りにも登場しますし、武士はかつて、鎧びつ中にナンテンの葉を入れ、出陣に際してはナンテンの枝を床に飾ったという話もあります。

源義経も修行した鞍馬山に今も伝わる竹伐会式《たけきりえしき》という仏事では、山伏は腰にナンテンを挿します。その折に奉じられる舞は、その名も「南天招福の舞」です。

ほかにも、仙人が持つ杖はナンテン製、安産のお守りとして、火災除けとして植えるという風習もあったとか。弘法大師がナンテンでできた杖を地面に突き刺したら根付いたという言い伝えもあるなど、古くから親しまれている木です。

どことなく中国のイメージがあるナンテンですが、実は日本の木。中国、インドにも分布し

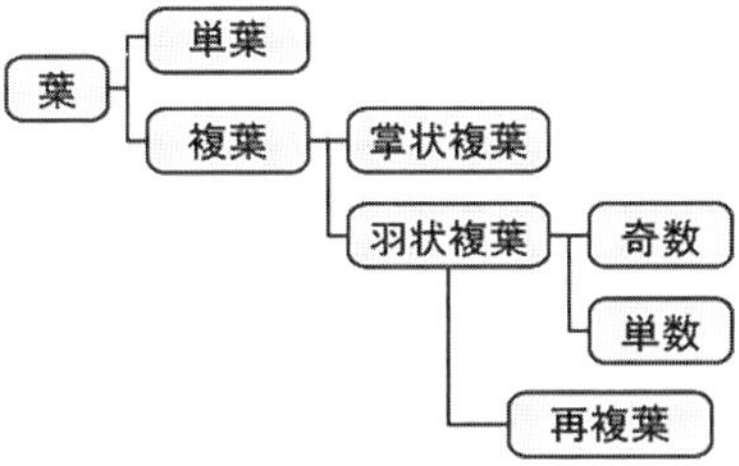

葉の種類

ていますが、本州、四国、九州、暖温帯の、れっきとした日本の自生種です。学名は*Nandina domestica*といって、命名者は幕末に来日したスウェーデンの植物学者カール・ツンベルグ。*Nandina*とは、日本で古くから呼び慣わされてきたナンテンの名をもじった命名です。そして*domestica*とは「国内の、馴化された」のこと。日本のどこでも見られる木ということに由来するそうです。

　日本の文献において最初に出てくるのは奈良時代の『出雲国風土記』だそうで、「南天燭」という記述があります。南天燭とは、実南天の意味でしょう。ほかにもいろいろな呼び方があったそうです。南天竹というのは葉が竹に似ていることからでしょうか。また、三枝《さきくさ》という呼び名は、ナンテンの三回複葉を指しているのではないかと思います。

　葉にはさまざまな種類があります。まず単葉と複葉の大きく二種に分けられ、複葉の中の羽状複葉の小葉がさらに小葉に分かれたものが再複葉。ナンテンはそこからもう一段分かれた小葉ももつ。そのため「三回羽状複葉」と呼ばれています。

　その赤くてつややかな球状の実は風情があるもので、庭の景色、また、食卓やお弁当の彩りにもピッタリです。古い料理本には、「祝儀のときには葉の表を、不祝儀のときには葉の裏を上にして使う」と書いたものもあるとか。しかし、そうした見た目や言い伝えだけがよく使われる理由ではないようです。

そもそもは、小豆を使った赤飯が傷みやすいから、食中毒という「難」を回避する意味でナンテンを添えたんだそう。実際のところ、ナンテンの葉から発する化学物質が効果をもっているそうです。魚の毒消しにも効くとも。その他、消化、酔い止め……。長い間の経験は合理的な使用法を生みました。果実も咳止め、樹皮も神経系に薬効があるそうです。赤ちゃんが初めてお乳以外のものを食べる儀式・お食い初めで使うお箸は、ナンテンでできたものが良いといわれます。ナンテンの箸は、食べたものの消化を助けるとされているのです。

ところで、ナンテンとよく似た赤い実をつける、センリョウ、マンリョウという木があります。その名と真っ赤な果実、そして常緑であることから人気が高く、この両者と並べてアリドウシを植えると、「千両・万両有り通し」となって験《げん》がよいとされます。アリドウシはアカネ科の低木で、これも常緑樹で赤い実がつきます。

これらの木はよく似ていますが、それぞれセンリョウはセンリョウ科センリョウ属、マンリョウはサクラソウ科ヤブコウジ属。見分け方は実のつき方で、センリョウは上向きに、マンリョウは下へ垂れ下がります。そして、ナンテンはメギ科ナンテン属。分類上の科も違うまったくの別物です。

三者に共通するのは、どれもあまり背が高くならないところです。背が高くならないということは、幹もさほど太くはならないということ。特にナンテンについては、幹の太さ一〇～二〇センチメートルのものが「太い」と記録に残っている程度で、そういった材は稀少なものとして珍重されます。京都・金閣寺の書院にはナンテンの床柱があって有名ですが、床柱になるほど大きなものは滅多にありません。

日本で生まれ日本で愛されてきたナンテン。ちなみに英語では sacred bamboo「聖なる竹」あるいは heavenly bamboo、「天国の竹」と呼ばれています。海外でもナンテンは何かと特別な木のようです。

木にタケを接ぐ

　タケは日本人にとって身近な存在。タケノコはおいしい食用、竹材は使いやすい資材として、建築、工芸、楽器、生活等に、わが国の歴史の中で広く使われ、文化を支えた植物でもありました。物語の中でも、かぐや姫、雀のお宿など、竹林は欠かせない舞台です。

「木に竹を接ぐ」は、同じ植物同士でも木と竹は全く性質が違うのでそれらを接いでも不釣合い、うまくいかない例えです。ところが、現実の世界では「木をタケが継ぐ」という事態になっています。

　タケノコや竹材を収穫しなくなった国内の竹林では、多くのものが放置状態になりました。地下茎で勢力を拡大する竹林は、隣接の、これまた放置状態の雑木林、手入れ不足の人工林を侵略することになったのです。

　人知れず地下茎で隣へ侵入、春先突然タケノコが発生。タケノコはぐんぐん伸びて、先住樹木がさほど大きくない場合はそれをたちまち追い越し、その上に枝葉を茂らせてしまいます。モウソウチクのタケノコの伸張記録は、二四時間になんと一二〇センチメートル。在来の林木が圧迫されるのは必定で、これが最近憂慮されるタケの里山侵略です。

　見えない土の中で地下茎が伸びて、タケの勢力が拡大してゆくのは当然の成りゆきです。とんちで有名な一休さんのお寺のタケの地下茎が隣の武家屋敷へ伸びて、タケノコが。武家屋敷から「忍び入ったる不届き者、手打ちに致した」と通告あって、採ったタケノコの料理を始めた様子。口惜しく思った一休さん、隣へ出向いて、「手前どもは寺、せめて亡骸は当方で供養をさせていただきたい」と鍋ごと持ち帰ったとか。また良寛様は、縁下に顔を出したタケノコを発見、「おや、かわいそうに」と、まっすぐ伸びられるよう縁側に穴を開けておやりになったそうです。

しかしながら現代では、こんな物語ではすまなくなってきました。静岡では、茶畑の中にタケノコがニョッキリ生えたのを見ました。花の吉野山でも、その売り物のサクラの林の中に突然タケノコ、ということもよくあるようです。背の低いチャや、それほど高木にはならないサクラ、いずれも大切に育てているものの中に現れたわけですから、早急に処分されているのは当然ですが。

問題は、手入れ不足、放置状態の雑木林や、まだ樹高のあまり大きくない人工林です。また、かつて竹林は主として平坦なところに多かったと記憶するのですが、地下茎は、傾斜地でもかなり平気で登ることが明らかになってきています。

かぐや姫を生んだ頃のきれいで穏やかな竹林は、急速に姿を消しています。「竹林」は、いまや在来の森林を駆逐する「逐林」となり、里山の天敵の様相を呈しています。「木をタケが継ぐ」、これも植生遷移なのでしょう。その侵攻を止めるには、竹林境界に板を埋めたり、溝を掘ったりすることが有効とされますが、造園的にはともかく、大面積への対応としては無理なことです。タケノコや桿材の採取が少なくなったことがこの事態の主原因ですから、地産地消を進め、竹林に手を入れることが急務。そうして里山を救わないと、無手入れ放置状態の里山の竹林化は、ますます進行すると思われます。

もう一つ、今度は「木にタケが接ぐ」お話を。写真を見てください。白黒でわかりにくいのですが、ムクロジの古木にタケが生えていると見えます。

場所は奈良、国立博物館の裏。ホストのムクロジは幹直径一メートルを越す大木ですが、地上三～四メートルのところで幹が折れ、側枝が主幹として立ち上がって、樹高は一〇メートルを悠々超えています。その幹折れの箇所から、モウソウチクが何本か立ち上がり、しっかり枝葉を広げてまずまずの生育状況です。主幹化したムクロジの枝のかなり高いところ、七～八メートルのところにモウソウチクの葉が茂っています。五年後、再び訪れた際も同様の姿が見られました（口絵）。

このムクロジから数メートルを隔ててモウソウチク林があり、そこから伸びてきた地下茎が、ホスト木の根元直下で発筍《はつじゅん》したものと見られます。ホスト木がかなりの古木で中心部は腐っていたとしても、うまい具合にその箇所に潜り込み、そこに地下茎からタケノコが垂直に立ち上がり、ホスト木の中から顔を出して成長している、というのはなんとも珍しくよくできた話です。

古木に木本、草本、シダ類が着生・寄生しているのは、それほど珍しいことでもありません。しかし、このケースは着生しているように見えるのが、タケであることを考えてください。すなわちタネが起源ではない可能性が高いということです。タケにタネが実るのは俗に六〇年以上に一度といい、例証は少ないものの、実際の観測記録もそのようです。ということは、このムクロジに着生と見えるモウソウチクは、「木にタケを接」いだように見えるものの、実は地下茎が伸びたもので、着生でも寄生でもなし、と考えざるを得ないのです。

なお、着生・寄生と、似たような単語を使いましたが、厳密にはホストに害のないものが着生、害を生むものが寄生と区別されていますので、念のため。

「花」報は寝てマツ

京都御苑。京都市のど真ん中、旧皇居を取り巻く広大な国民公園ですが、京都人は、古くから親しみを込めて全体を「御所」と呼んでいます。

この京都御苑の、紫宸殿や清涼殿などのある正しい意味での「御所」の東側、学習院跡と称するところに不思議な木が「ありました」。そして今も「あります」。その名は黒松桜。倒れて横たわったまま咲き続けているヤマザクラです。

おそらく戦後しばらくした頃、かなり大きなクロマツの樹の上の窪みに、鳥が運んできたヤマザクラのタネが芽を吹きました。サクラはその場所で育ちはじめ、生育に伴ってマツの幹の内部の腐れにその根を伸ばし、何年もかかってとうとう土にまで達したのでした。この間、緑の葉が茂るマツの樹上にサクラは枝を広げて花を咲かせ、誰言うともなく、御所の「桜松」「松木の桜」の通り名で呼ばれてきました。

ところが近年日本に蔓延するマツノザイセンチュウによる被害、いわゆるマツ枯れ病（「こ

こと思えばまたあちら」）は御所といえども遠慮せずで、一九九三（平成五）年、クロマツは枯死してしまいました。にもかかわらず、ヤマザクラはそのまま枯立木の上で、その後も咲き続けていたのです。

しかし一九九六（平成八）年四月十七日、その年の満開を過ぎて間もなく、桜松は倒れました。空洞化したマツの幹の中にサクラの根が見え、その根はちゃんと土を捉えていました。直径は五〇センチメートル、樹高は約一〇メートル、樹齢はマツ一〇〇年、サクラは五〇年と推定されました。

通常なら、公園内の倒れた木はさっさと片付けられてしまうはずです。しかし、京都御苑管理事務所は、特色のある木だけに行く末を見守るべく、そのままに。その後、むき出しの根元には土盛りがされました。

果たして倒伏翌年の春、桜松は見事に満開の花を見せてくれました。もちろん横臥のままで。それからすでに二十余年、サクラはそのままで毎年花を咲かせ続けています。当初、年とともに、心なしか花付きが淋しくなっていくような気がしないでもなかったのですが、それは杞憂でした。いま、枯れたマツの幹のあちこちからサクラの根が出てきて土を捉え、かつての枝も幹のような状態に伸張しています。当分は毎年花が見られそうです。

写真は倒伏翌年、木の側に立つ少女は一歳半。この桜松が倒れる五カ月前の一九九五（平成七）年十一月生まれ。つまり毎年開花時には、木が倒れてからの年齢と同じ、同期の桜というわけです。実は私の孫娘で、毎年ここで写真を撮り続けています。二歳の頃、彼女はこの珍木を見て、「このチャクラ、寝んねちたまま、咲《ちゃ》いてるね」と。以来「寝んねのサクラ」が、わが家での通称となりました。

クロマツの樹上にサクラのタネが落ちて芽生える。サクラはクロマツの幹の中に根を伸ばし、やがて土にまで達する、という過程を実際に見せてくれる例を、同じ京都御苑内で見つけました。クロマツの幹が折れ、そこにサクラが芽生えている様子です（口絵）。クロマツの樹皮がめくれ落ち、その中に伸びるサクラの根がよく見えて、桜松の二代目といえそうです。ですが、この場合には、クロマツは既に枝葉はなく、樹皮にその名残りを留めるのみ。「寝んねのサクラ」より幹は細いのですが、もちろん元気に立ったままです。また幹の材部は腐ってしまって樹皮だけで生きているように見えるヤマザクラも。このような姿でも、毎年花を咲かせています（口絵）。初めて見たのはもうずいぶんと昔になりますが、その当時からずっとこの姿なのです。

もう少し探してみると、「桜松現象」は他にもありそうです。実は岐阜や和歌山県下、それに大津市でも、類似の例を聞いたことがあります。サクラにとってマツは相性がよいのかもしれません。しかし、倒れて寝たままサクラが咲き続けている例は、京都御苑のほかには知りません。

熱帯の地域にはその名も恐ろしい「絞め殺し植物」という樹木があります。鳥などが枝の股などに運んだ種が発芽し、樹上から気根（空中根）を垂らして成長。その影響で宿主の木は衰弱して枯れてしまいます。文字どおり、絞め殺されるわけです。しかしながら、当の犯人である気根を垂らした側の木は立派な独立樹になります。これは完全な乗っ取りで、まさに「恩を仇で返す」を地でいく現象です。

御所の桜松、似ているようですが、状況はちょっと異なります。こうしたイチジクなどの「絞め殺し植物」が宿主を枯らしてしまうのに対して、サクラの方は、特にマツを攻撃的に乗っ取るものではなく、マツの樹皮もそのまま使わせてもらうわけで、言うなれば穏やかに代替わり。御所にあるものだけに、優雅に、たおやかに、とはうがち過ぎでしょうか。

もみぢの錦　神のまにまに

「芽」は口ほどにものを言い

カラマツには、富士松という古名があります。富士というだけあって、そもそもは中部日本の亜高山帯が分布の中心です。それがいま、東北・北海道にも多く見られるようになりましたが、それらの林は、ほとんどが戦後、寒冷地人工林用の樹種として広く植えられてきたものです。京都・比叡山や九州・久住山にも植栽されています。カラマツは針葉樹ですが、「落葉松」の名もある如く、冬には葉がありません。この点がわが国の他の針葉樹、スギやヒノキ、マツ、モミなどと大いに異なるところで、外国（唐）のもののようだということからカラマツの名がついたとの説が。

冬落葉ということは、新葉・黄葉の人目を引く美しいシーズンをもっているということでもあり、都会人には「高原の木」として人気抜群です。そのカラマツの新葉にまつわる話題を少々。

一九九七（平成九）年五月、長野県S町で殺人事件発生。犯人は死体を山中へ運んで焼却。焼死体発見、捜査開始。県警は、長野県林業総合センターへ死体焼却の薪の鑑定など現場調査協力を要請しました。

現場調査に赴いた県職員の片倉正行さん。死体を焼いたとされる焚き火跡の脇に立つカラマツの枝に注目しました。その枝には、死体焼却の火の熱を浴びて枯れたとみられる半開きの葉が、カラカラになって着いていたのでした。

犯行時は五月、春の遅い信州の山では、ちょうどカラマツの葉の芽が開いていく最中です。片倉さんは、現場近くのダムの気温データを使って、この半開きの葉芽の段階から死体焼却の日を割り出しました。

それから半年を経て、犯人逮捕。その自供による犯行日と、カラマツの葉からの犯行推定日は、なんとわずか一日の違いでした。こうして、現場で採集され、片倉さんが分析したカラマツの枯れ枝は、物的証拠となりました。もちろん、カラマツの葉だけが決め手というわけではないでしょうが。

「山（森林）のことは山の専門家に聞くに限る。警察の鑑識では、こんなことには到底気づけない」と、県警から賞賛されたと、片倉さんは後で話してくれました。

展開途中のカラマツの新芽が犯行日を語り、それもわずか一日という僅少の推定差であったとは、この話を耳にしたとき、私は半信半疑でした。実は、カラマツの葉の展開と気温との関係を調べて学会誌に報告したのは、私だったからです。片倉さんと私は旧知の間柄、彼はこの研究報告を見ていて、それを応用してくれたのでした。

私は、昭和五十年代から平成の初めにかけて、信州大学理学部勤務で松本市在住でしたが、着任早々の春、その東に位置する美ヶ原の斜面が、下の方から新緑に染まっていく光景に魅せられました。松本市は標高六〇〇メートル、美ヶ原山頂は二〇三四メートル、その標高差は一四〇〇メートル。これだけの差があれば、山麓と山頂では気温はかなり違いますから、春先の葉の展開や秋の落葉の時期はかなりずれるはずです。

松本市街から山頂に至るこの山の西斜面に、天然林・人工林混じり合ってカラマツが連続分布。そして頂上近くまで車道があるというのも好条件、という次第で、学生たちの協力を得て、カラマツの植物季節の連年観測を開始しました。

この標高差一四〇〇メートルの山腹に、標高一〇〇メートルごとに観測点を置き、春先の芽吹きの段階や、秋の黄葉・落葉の観測を毎年繰り返していたのですが、そうした観測資料が十余年分溜まってくると、ある程度確信をもって、その法則性についてものが言えるようになります。たとえば春の芽吹き。写真上はある年の四月、葉の展開を開始したときの様子です。写真下は展開が完了した日の様子。開始から完了までの期間は、平均で二五日というデータを得ました。

観測十余年の間には、もちろん異常低温の年も二度ばかりありましたが、その年もこのような開葉のルール自体は全く同じで、開葉の開始日と完了日の日にちが何日か平行移動するだけでした。

カラマツの「芽」が見ていて、口ほどにものを言ったおかげで一件落着という、ちょっとできすぎのお話でした。

「芽」は口ほどにものを言い

名は体を表す

中国の『荘子』に、大椿《たいちん》という伝説上の大木の話題が出てきます。「上古、大椿なる者あり、八千歳を以て春と為し、八千歳を秋と為す」。とんでもない長生きの木です。転じて、「大椿の寿」は、人の長寿を祝っていうことばになっています。

毎年少しずつ幹を太らせながら上に育っていく樹木は、長寿であれば一般的に背が高くなります。この伝説の大椿もきっと雲をつくような巨木だったのでしょう。

ツバキは広葉樹ですが、一般的には寿命は針葉樹のほうが長いとされています。四七〇〇余歳（二〇〇一年現在）という世界の最長老の木、ブリッスルコーンパイン（アメリカ・カリフォルニア州ホワイト山地）も、わが国の最長老・推定三五〇〇歳の屋久島の縄文杉も、もちろん針葉樹です。

寿命が長いということは、巨木になるという意味でもあります。二〇二二（令和四）年に林野庁が選定した全国国有林内の「森の巨人たち百選」によると、うち二八本が、わが国針葉樹の代表ともいうべきスギ、六本がヒノキでした。

樹高でみれば、これもやはり、わが国ではスギが群を抜いています。トップを争うのは、私の知る限りでは、高知県大豊町の大杉六〇メートル、秋田県二ツ井町のきみまち杉五八メートル、愛知県宝来町の傘杉六〇メートル、あたりでしょうか。なかでも、大豊町の大杉（国特別天然記念物）など、所在地は「大豊町杉」、最寄駅名は「大杉」（JR土讃線）、まさに地元のシンボルです（「森林はモリやハヤシではない」）。

また、そこへ水をさすつもりはないのですが、近畿中国森林管理局のウェブサイトに、京都市左京区花背の三本杉六二・三メートルという記載もあります。

この樹高について世界に目を向けると、恐れ入りました。

アメリカ西海岸コースト山脈のセンペルセコイア。セコイアメスギ、レッドウッドの名でも知られる樹種ですが、その高さ一一二メートル。日本記録の二倍近くです。推定樹齢二〇〇〇年以上とされ、その近所には、世界二、三、六位の同種も生育とか。

また、幹体積（幹材積）世界一はというと、アメリカ・カリフォルニア州シエラネバダ山脈のギガントセコイア（セコイアオスギ）が君臨します。シャーマン将軍の呼称で知られるその巨木は、幹体積一四八七立方メートル、胸高周囲二五メートル、樹高八四メートル、樹齢二〇〇〇～二七〇〇年。わが国の最高蓄積記録といわれる山形県金山のスギ人工林（二七八〇立方メートル／ヘクタール）の約半分、つまり〇・五ヘクタール分の体積をたった一本でもっているのです。

この桁外れの巨木針葉樹セコイア、「世界翁」の字を当てます。なんとうまいことを言ったものです。

ところで、「針葉樹」とは、その葉に針状のものが多いこと（マツはその典型）からついた、いわば通り名です。そのため「葉が細長いから針葉樹」と単純に言えない例はたくさんあります。

平べったい形が特徴的なイチョウが針葉樹であることはよく知られていますし、同じ科の木で葉の形が違う場合もあります。針葉樹のイヌマキの葉は〇・五～一・〇センチメートルの幅があり、長さ五～一五センチメートルで細長い。一方で、奈良の春日大社など、お宮の森でよく見かけるナギは、同じマキ科マキ属だが、こちらの葉は丸型。でもこれも針葉樹です。

「針」ということばと見た目に振り回されてしまいますが、針葉樹は英語では conifer です。「針」という意味ではなく、cone（球果）が語源とされます。

花弁やガクがなく胚珠がむきだしになっているのが裸子植物、花弁とガクがあって胚珠が子房に包まれているのが被子植物です（図）。裸子植物のほうが発生は古く、その後の植物進化で被子植物が生まれました。裸子植物の多くを占める球果植物はたいてい葉が細長かったため針葉樹と呼ばれるようになり、その後の植物進化で生まれた被子植物の葉は、広がりをもつものが主体で、広葉樹と呼ばれるようになりました。

このことから、「針葉樹」は「裸子植物」といつしかイコールの意味となっていますが、これは厳密には間違い。たとえばイチョウは、球果植物ではないけれど、裸子植物なので針葉樹に区分されています。「イチョウは裸子植物で、一般的な広葉樹（被子植物）ではない」とい

裸子植物　　被子植物

うことになります。

針葉樹と広葉樹の大きな違いは道管です。道管とは木の幹の中に水を通す専門の管のことで、これをもっているのは広葉樹です。針葉樹にあるのは仮道管で、専門の管ではなく、幹本体を構成する繊維がその役割を兼ねているにすぎません。

もう一つ、両者の大きな違いとして生育環境があげられます。一般に針葉樹は痩せた土地にも育ちます。発生の歴史が古いなら、それだけ生育環境は未熟だったはずで、痩せた土地でも耐えられるということ。一方、広葉樹は、水の条件がよく肥えた土地に育つのです。そのぜいたくな広葉樹は、地球上の条件の良いところに勢力を拡大、かつて地球上を独占していた針葉樹は、しだいに生活条件の悪い寒い地方に追いやられ、今の状態になったともいえます。

「名は体を表す」と言いますが、こと針葉樹・広葉樹の見た目に関しては、このことわざは当てはまらないようです。

もみぢの錦　神のまにまに

このたびは幣《ぬさ》もとりあへず手向山　もみぢの錦神のまにまに　　菅家

急な旅で幣（神様への捧げもの）の準備ができませんでした。手向山の見事な錦のような紅葉を、神様のお心のままにどうぞお受け取りください。

百人一首にある菅原道真の和歌です。

宇多上皇の御幸に同行した道真が、道中で詠んだとされています。手向山というのは特定の場所ではなくて幣を手向けて旅の安全を祈る場所という意味だそうで、この場合は、奈良・吉野のあたりを指すといわれています。

この行幸には、同じく百人一首でおなじみの素性法師が同行していたそうです。この歌を聞いた彼が翌日に詠んだという歌が、古今和歌集に収録されています。

手向けにはつづりの袖も切るべきに　もみぢにあける神やかへさむ　　素性法師

神様への手向けの幣として私の粗末な衣の袖でも切って差し上げようと思いましたが、紅葉を見慣れている神様には返されてしまうでしょうね。

たしかに、つづり（つぎはぎだらけ）の衣よりもモミジの錦のほうが、ずっとご利益がありそうです。

百人一首には、こんな歌もあります。

　嵐吹く三室の山のもみぢ葉は　竜田の川の錦なりけり　　能因法師

三室山の紅葉した葉が嵐で竜田川の水面に散り落ちて、まるで絹織物のように美しいことだなあ。

竜田川は、奈良の斑鳩の里を流れる川です。その川辺は古くから紅葉の名所でした。

テレビも新聞も、十一月には日本各地の美しい紅葉を競って報じます。「今年は紅葉が早い」「昨年のものに比べて今年は色がいまひとつ」など、日本人みんなが、その年の紅葉に一喜一憂するようです。

紅葉の時期や美しさにもっとも大きく影響するのは、天候です。その樹木自体の状態などの要因もありますが、一般に湿度が高く、急な冷え込みがある年が、きれいな紅葉になると考えらえています。

紅葉のあと、葉が落ちる前に、葉柄（葉の軸）の付け根に離層というものができます。これができると、葉の中の物質が枝に移動しにくくなり、糖類が溜まってアントシアンなどの色素ができます。こうした色素のでき方に、気候条件が影響するというわけです。

色素には何種類かあり、その混ざり具合によって多様な色に紅葉します。ケヤキの紅葉は赤色ですが、同じ科のエノキは黄色です。色素の種類と分量は木の種類によって違います。

赤（紅葉）の代表はなんといってもカエデ科のモミジ類。そもそも「紅葉」という文字はモミジとも読みます。「錦木」との漢字をもつニシキギのほか、ツツジ類、ハゼ類、ウルシ類、ナナカマド……。特に注意すべきは、ツタウルシです。これは大きな木に這い登っていて、鮮やかな赤色は抜群です。ついうっかり触りたくなりますが、ウルシの仲間なのでかぶれる危険があります。

黄（黄葉）はイチョウが代表選手です。カンバ類やカラマツもきれいです。

赤があって黄色があって、そして常緑樹の緑もある。まさに十人十色といえます。いろいろな色が混じって、あの色とりどりの見事な景色になります。その色合いを、昔の人は錦の織物に例えたのです。

紅葉といえば、京都の嵐山です。紅葉のニュースでは常連のこの地にも、百人一首の歌があります。

小倉山峰のもみぢ葉心あらば　いまひとたびの行幸またなむ　貞信公

小倉山は藤原定家が山荘を構え、これらの歌を含め、小倉百人一首を編纂したところ。古くからの景勝地でした。山のアカマツ林の緑をバックにして、春はサクラ、秋はモミジが色を添えて、その姿が清流に映り込む……。その風景の美しさに、現代の嵐山も毎年観光客で大賑わいです。

森厳

「八百万《やおよろず》の神」と申します。古代のわが国は多神教、森羅万象それぞれを司る神々が数限りなく存在しました。後年、大陸から渡来し国を代表する宗教となった仏教も、わが国古来の神々を否定せず、むしろ共存の道を選びました。「山川草木悉皆成仏」の思想が似た路線であったのが幸いでした。新旧宗教間の深刻激烈な争いは、諸外国の歴史によく見られることだというのに。

日本のような湿潤地帯に発達する植物群落、それが森林です。森林で典型的・特徴的な物質循環という現象は、生あるものは滅してもまた生まれ出る、いわゆる輪廻転生の思想の基となります。

「森厳」という言葉があります。「重々しく厳か」「秩序正しく厳か」「極めて厳かな様子」といった意味ですが、それに「森」の文字が使われているところに、日本の文化の一つの象徴である信仰の背景として、森は切り離せないもの、と見ていいでしょう。

森厳、神々しさを演出する森林・樹木を思い浮かべるとき、スギを筆頭とすることに異論はありますまい。神社仏閣の建物の材としては、世界に冠たるヒノキが最高であることはいうまでもないですが、その社寺の「極めて厳かな様子」をつくり出すのはなんといってもスギで、その右に出るものはありません。

スギは日本固有の樹木で、大木になり、重厚に葉を茂らせ、どっしりと落ち着きがあります。スサノヲノミコト（須佐之男命）にまつわる木として古代の神話にも登場。その林は品格を備え、貫禄ある雰囲気を醸し出しています。

全国各地に、長い歴史を経た巨木・銘木は数々ありますが、その代表格がスギであることはいうまでもありません。屋久島の縄文杉を筆頭として、二〇二二（令和四）年に林野庁が選定した全国国有林内の「森の巨人たち百選」の巨木一〇〇本のうち二八本がスギでした（「名は体を表す」）。

わが国の文化を、森の文化とか木の文化とかいうことがしばしばですが、それを育んできたものは、高級用材としてはヒノキであったかもしれません。しかし、汎用材としてはスギが主役であったといってもいいでしょう。二〇〇〇年前の静岡登呂遺跡から出土する木製品の九五パーセントまでがスギ材であるとか。どこにでも身近に生育し、「直ぐ木」がスギに転じたというほど素直で細工しやすく、使いやすいその材は、広い用途に用いられてきました。

五〇〇年ばかり前から、能率よく木材を採るために広がっていった人工林用の樹種としても、やはりスギ。植栽用の苗がつくりやすく、成長も早い、使いやすい、造林用として世界有数の優れた樹種だったのでした。

こうしてスギは、わが国の風景を形づくり、平和で穏やかな精神文化を育んできたのでした。あるときは「森厳」であり、あるときは唱歌に登場する「忘れがたき故郷」を象徴するようなものであり……。

高野山を訪れてみましょう。真言宗総本山金剛峰寺、そのお寺は、特定の建物を指すのではなく、高野山全体であって「一山境内地」とのこと。ということは、山全体、森林・樹木もお寺の構成物として位置づけられていることになります。実際に、諸大名など歴史上の著名な人々をはじめ約二〇万基のお墓や祈念碑が並ぶ中を抜けて、奥の院に至る道を覆って文字どおり林立するのは、樹齢千年と称するスギの大木たちです。高野山の「森厳」は、まさにここに極まれり、それはやはりスギでないと、と思うのです。

史《ふみ》に見るおくつきところおがみつつ　杉大樹《おおきな》並む山のぼりゆく

一九七七（昭和五十二）年四月、行幸あった昭和天皇の御製です。陛下も認められた「森厳」、奥の院の近くにその碑がありました。

高野山をあげるなら、天台宗総本山の比叡山延暦寺も忘れてはいけません。ここの建物の主材はケヤキと聞きますが、山内の雰囲気を演出するのはやはりスギ。出羽の国へとんで羽黒山、出羽三山神社の参道に佇む国宝の五重塔と二四四六段の参道石段は、やはりスギの老大木に囲まれています。

そして伊勢神宮。鎌倉時代の歌人・西行法師は参拝時に「何事のおはしますをばしらねどもかたじけなさに涙こぼるる」と詠んだとか。また『東海道中膝栗毛』で愉快な旅を繰り広げたあの弥次さん・喜多さんでさえ、ありがたさに洒落も無駄も言わずにお参りしたというのですから、その「森厳」は圧倒的といえるでしょう。

羽黒山

辛抱する木に金が生る

一目千本

「一目千本」といえば奈良県吉野のサクラ。山の下のほうから下千本、中千本、上千本そして奥千本とサクラが密集しているエリアが続き、まさに見渡す限りのサクラ、一目で千本が見られるといいます。とりわけ、中千本にある世界遺産の吉水神社境内からの見晴らしが有名で、毎年春には多くの人でにぎわいます。

ところで、吉野の見どころはサクラだけではありません。吉野山の南東側、川上村の方面には見事なスギの人工林が広がっています。こちらはスギ版の「一目千本」。

吉野は、わが国の人工林の元祖ともいうべき存在です。

吉野には五〇〇年前にすでに林業用スギ・ヒノキ植栽の実績があります。ここから江戸時代、日本全国にさまざまな形式の人工林が普及していきました。

吉野林業以前にも、古く『万葉集』に、木を植えることを詠んだ歌もありますが、それは街道筋宿場の修景用のもの。また、十一世紀頃に高野山で造林の記録があるとも聞きますが、樹種はコウヤマキで仏事用のものでした。

一八九八（明治三十一）年発行の『吉野林業全書』は、吉野林業の歴史や技術、知見を集大成した名著として林業界では有名な書物です。

それによれば、一六世紀初頭に始まった吉野の人工林は、江戸時代を通じて植栽、伐採が繰り返され、明治の前半までに、すでに人工林技術の標準的な例が完成されていたことがわかります。たとえば……。

一町歩（約一ヘクタール）あたり一万本植栽、スギとヒノキ混植、土壌の良い土地にはスギ、悪いところにはヒノキの混交歩合を増やす。伐期（最終皆伐）は一〇〇年。一四～一五年生から間伐開始、主伐までに一三回の間伐。初期間伐の細材は磨き丸太、中期間伐材は一般用材丸太、終期間伐・主伐材は吉野林業の主たる生産目的であった酒樽用大径材。

……と、いった具合。見事なものです。

江戸時代になると、人工林林業は各地で盛んになります。それぞれの地方で、植栽の疎密、伐期の長短、間伐の強弱、枝打ちの強弱などの組み合わせの違う、特色のある体系が生まれ、育っていきました。それでも、「伐ったら植える」という森林管理の基本は各地に共通しており、鉄則としてそれぞれの人工林林業

『吉野林業全書』（1898（明治31）年刊）より混植の様子

地で踏襲されていきました。

江戸時代には人工林林業が定着していたと考えられる、こんな記述があります。江戸中期に『古事記伝』を著した国学者・本居宣長は、古事記に出てくる古語を解説するなかで、「つぎねふの」という「山城」に掛かる枕詞を、「山」すなわち「森林」に掛かるものだからと「継苗生の」の字を与えました。すなわち、「木の苗を植え継いで」の意味です。

古事記の時代には人工林林業はまだなかったことを思えば、宣長の見方はうがっているというこに、もちろんなります。しかし、この話から、江戸中期には「伐ったら植える」ということが常識化していたと、私は解釈したいのです。

明治時代、天竜川の治水に力を尽くした金原《きんぱら》明善という人は、治水の基本は治山にあり、と水源地帯の森林造成に私財を投じます。このとき彼が山に植栽したのはスギでした。

これは、スギについては大規模に造林するだけの技術体系が、江戸時代を通じてすでに完成されていたことを示しています。スギが安心して植えられる樹種であることが第一。第二に、育成する間の間伐材、数十年後の主伐材の収入が予定でき、それをまた山に戻せると考えたからに違いありません。

その金原造林地の一部は記念林として残され、今も水源涵養に働いています。

吉野のスギ人工林

辛抱する木に金が生る

「辛抱する木に金が生る」「辛抱する木に花が咲く」といいます。

吉野スギや北山スギなどの高級材は、丁寧に人手をかけ、長い長い時間をかけて育てます。まさに辛抱した結果が金になるのです。

これまでの日本の人工林では、基本的にはその「長伐期」の路線で林業をすすめてきました。それが、平成の終わりごろから、「長伐期」から「短伐期」へ方針が変更され、短伐期がクローズアップされてきています。

理由は、戦後に増えた人工林の有効活用のため。その動きの背景には、日本の木材自給率をアップさせたいという目的があります。

何しろ日本は、国土の六七パーセントが森林だというのに自給率は低く、二〇〇二（平成十四）年には一八・八パーセントにまで下がりました。近年持ち直してきてはいますが、それでもまだ四〇パーセント程度で、森林国としてはなんとも寂しい数字です。ちなみに、国土森林

率六六パーセントのスウェーデンは一三九パーセント（うち、輸出相当分三九パーセント）、森林率三十八・七パーセントのカナダでは三〇三パーセント（うち、輸出相当分二〇三パーセント）。こうした他国にならい、日本も二〇五〇年に五〇パーセントまで引き上げようということになったわけです。

「長伐期」「短伐期」とは、簡単にいうと、人工林において、木を植えてから伐採するまでの期間を長くとるか、短くとるかの違いで、「長」・「短」は相対的な言い方です。要は、その林において、木材を皆伐収穫するまで何年をかけるのか、ということであり、通常、スギやヒノキでは数十年を伐採期の境目とする例が多く見られます。

一〇〇ヘクタールの林があるとします。これを一〇〇年長伐期で扱う場合、毎年、等面積皆伐して植栽するとすれば、それは一年あたり一ヘクタールというわけです。ではこれを五〇年短伐期で扱う場合、単純にいうとその倍、毎年二ヘクタールが皆伐・植栽されることになり、皆伐される面積が増えるということは、材木の産出量が増えるということになります。

では、一〇〇年で伐採する林の木と五〇年で伐採する林の木。木材としては、どんな違いがあるのでしょうか。

木が大きくなって、空から土が見えなくなるまでに葉を茂らせた森林の状態を「閉鎖」といいます。樹木が最も育つのはこの閉鎖の直後、植えてから二〇〜三〇年が一般的で、その頃には年輪幅の広い（低質）材になります。そのタイミングで収穫しなければ、時が経つにつれ、

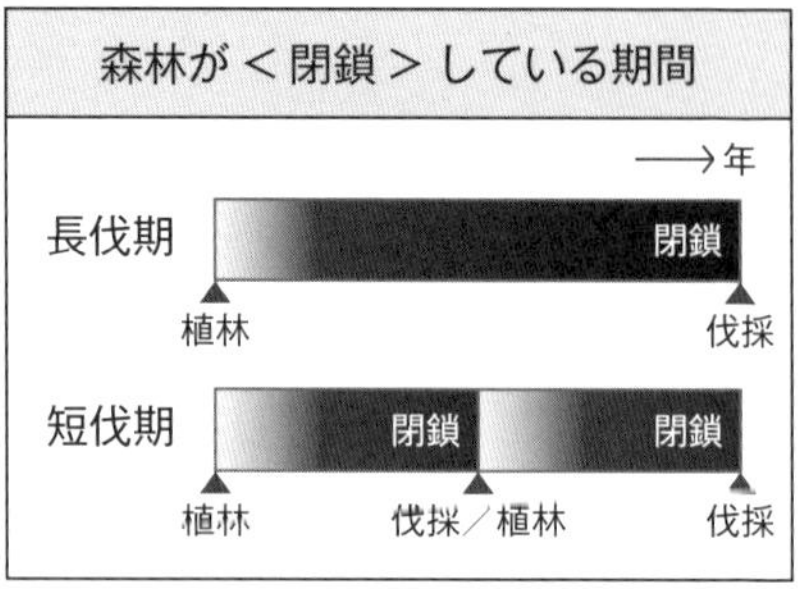

年輪幅の狭い（良質）材になりますが、成長量として大きいこの時期の間に収穫してしまう方が有効とする考えも当然生まれてきます。とすれば、年々の皆伐面積も増えるというわけです。

皆伐・植栽の回転を速くするとそれだけ多く材が採れると考える人もいます。しかしこうした状況について、森林の安定性という点から見たらどうでしょうか。

一年に皆伐される面積が多いということは、すなわち森林のない部分が増えるということです。

森林には水源涵養、炭素蓄積などさまざまな役割があります。皆伐された裸地は、それらの役割を果たすことができません。その裸地が閉鎖するまでには十数年がかかります。そのため、短伐期の場合は、苗木・若木ばかりで閉鎖していない状態が回数多く繰り返されることになります。つまり、森林がその実力を存分に発揮できない期間が長くなるということです。その間に土壌などの劣化が進む危険もあります。土壌が完成するのに要する時間の長さは万年単位。完全に成熟した土壌になるまでには一〇〇万年かかると言われているのですから（「母なる大地」）。

木も土も、育てるのには辛抱が大切。目先の利益を追うなというわけではありませんが、

「木を見て森を見ず」「一文惜しみの百知らず」ということにならないようにしたいものです。

ところでこの「閉鎖」ですが、「鬱閉《うっぺい》」ともいいます。

学生時代、この用語を習ったものの「鬱」の画数には泣かされ、「木・缶・木・ワ・米を囲んでヒ・ノ三つ」と何度も唱えて覚えたものです。ただ、この字の難しさ、また長らく常用外だったことから、林業界では英語の closed の直訳である「閉鎖」の方が多用されるようになりました。

それが、二〇一〇（平成二十二）年、「鬱」の字が常用漢字になったという新聞記事を読みました。これで堂々と「鬱閉」が使えます。「満を持して」？　いいえ、「埋もれ木に花が咲く」とでもいうような出来事でした。

角を矯めて牛を殺す

人工林の育成に間伐が必要なことはよく知られています。林業衰退で山の働き手が減って、山の管理を適切におこなうことが難しくなっている昨今でもその重要性は認識されていて、間伐には補助金が出ています。しかし材木がなかなか売れない今の時代、運搬賃の方がかさんでしまうこともあります。そこで実施されたのが、伐った木をその場にそのまま置いておいてもよいという、伐り捨て間伐への補助でした。

この施策、たしかに人工林を育てるという点では、間伐をしないよりはもちろん良いものです。しかし一方で、別の問題を招くものでもありました。災害です。林内に伐り捨て放置された丸太は、ひとたび洪水などが起これば、山から里へと流れ出し、被害を大きくしてしまうのです。この点が問題となったのか、また制度が変わって、今度は間伐木を持ち出した時点ではじめて補助金が出るようになりました。

ということは、どんどん間伐し、とにかく木を伐って運び出しさえすればお金になるということです。となれば、その分間伐は進み、林内はきれいになって災害の原因も減らすことができます。

しかしこれ、何かおかしくないでしょうか。

間伐のそもそもの目的を思い返してみてください。将来良い森林になるように、良い材木が採れるようにと、木を育てることでした。大切なのは木を伐ることではなくて、あくまで良い木を残して育てること。間伐材はその目的のなかで生まれた副産物だったはずなのです。

木を出せばお金になるという現在の制度では、将来残すべき木までも伐ってしまう、いわゆる荒い間伐を招き、雑な伐り方によって森林にダメージを与えてしまいかねません。間伐が進んでも、その結果が本来の目的と異なってしまっては意味がないのです。

最近盛んになってきている列状間伐もまた、気になります。人工林では木がきれいに列になって並んでいますが、その列単位で伐採していく方法です。機械での作業がやりやすいうえに、伐採した場所が通路になるので木材の搬出が容易になるという大きなメリットがあり、その効率の良さから昭和四十年代以降盛んになって、現在は行政も推進しています。

しかしこの方法では、残して育てる木を選ぶ「選木」の作業ができません。林業において大事なのは、どんな林をつくりたいか、どんな材木をつくりたいか。そのビジョンのもとにおこなう選木は、間伐で最も重要な工程です。

選木は山仕事のベテランが担う職人技です。荒い間伐や列状間伐に、その技術や知恵はありません。山には「間伐は人に任せよ」という言葉もあります。大切に育ててきた自分の林には愛着があって伐り惜しんでしまうことがある、だからこそ信頼できる人に任せるべきという教えです。

良い森林づくりには本来それくらいの覚悟が必要なのです。そもそも間伐は、人間が作物を育て始めたときからの知恵。英語ではthinningで、薄くする、ボリュームを落とすの意味です。ドイツの林業においてはdurchforstung（through forest）、空間をあける、といいます。森の風通しをよくするというイメージです。

良い森林は一朝一夕にできるものではなく、長い時間をかけてつくっていくもの。森林の安定性が高い長伐期で、適切なタイミングに適切な手入れをしていくという、長い目で見た森林経営が必要なのではないでしょうか。

「角を矯めて牛を殺す」といいます。曲がった角を直そうと躍起になっているうちに牛を殺してしまう、つまり、目先のことにとらわれてそれに対処するうちに全体を損なってしまうという意味です。どうも作今のわが国の林業政策は、その道をたどっているような気がしてなりません。

人工林の皆伐地

健全に育った人工林

間伐直後

間伐手遅れ林

白砂青松

二〇一一（平成二十三）年の東日本大震災で津波被害を受けた岩手県陸前高田市の海岸林。その地に一本だけ生き残ったマツは「希望の一本松」「奇跡の一本松」と呼ばれ、被災地にりりしく立つその姿には多くの人が勇気づけられました。私も震災後に現地を訪れ、この木を見上げたことを思い出します（写真）。その姿があまりに印象的だったこともあってか、これまであまり知られていなかった「海岸林」というものの存在がクローズアップされ、語られるようになりました。

海岸林の役割は、高波・津波を防ぐための防波堤だけではありません。主には潮風を和らげて、背後の農地や集落を砂や塩の害から守ることです。また、津波や高潮、つまり海から押し寄せる「潮」の勢いを緩める「防潮林」でもあります。風を防ぐための林を防風林と言いますが、その「潮」版です。

海岸林は、リアス式海岸で津波被害が増幅されやすい三陸海岸はじめ、過去に何度も津波の被害を受けてきたところを中心に、古くから整備されてきました。地域の豪商が私財を投じる

など、地元の力、人々の手によるものが多く、今では必要なところは大体カバーされています。もちろん開発の波に押されて、一ツ葉海岸林という有名な海岸マツ林の一部がゴルフ場やホテルになってしまった、宮崎県のシーガイアのような例もありますが。

一九六〇（昭和三十五）年、チリで大地震が起こって日本にも津波が押し寄せました。最高波高六メートル、犠牲者は一〇〇名を超えたという津波ですが、一方で、あちこちの海岸林が効果を発揮したことが記録されています。たとえば、岩手県宮古市の樹高一〇～一五メートル、林帯幅二五メートルというクロマツ林は、八割が倒れながらも十トン級の船六隻を食い止め、もっと小さな船や、カキや海苔養殖のイカダが市街地へ流入するのをほぼ完全に阻止、と記録にあります。このとき、陸前高田でもマツ林が前線でかなりの漁船や流材を食い止めて、それに守られた家屋の被害は小破壊にとどまったといいます。一方で、林帯がなかったり木がまばらだったりするところでは、流入物が多くて住居は破壊され、それらの大量の堆積物で復旧が遅れたそうです。

さて、陸前高田の松原は、十七世紀半ばの江戸時代寛文年間に菅野杢之助という高田村の豪商が植えたことにはじまる人工林です。六二〇〇本ほどだったともいわれるその林は、一八三五（天保八）年の地震津波で壊滅したそうです。二代目を造林するも、一八九六（明治二十九）年に津波に遭っています。その後またも造林し、一九三五（昭和十）年から補植など整備の手を入れていたのが、二〇一一年に被災した林でした。

老・壮齢の大きな木は明治植栽のアカマツ、その他の壮・若齢木は昭和植栽のクロマツの林で、樹高一〇～二五メートルの木々が、幅一〇〇～一五〇メートル、延長二キロメートルに、七万本立ち並んだ人工の防潮林。地元の人たちは「自らは倒れても背後を守ってくれる」と信頼をよせ、倒れても倒れても、また海岸林を復活させてきました。その海岸林も、さすがに自分の背丈よりも高い津波には抗い切れなかったようです。

陸前高田だけではありません。東日本大震災では、青森県から千葉県に至る海岸線で大きな被害が出ました。報道によると、津波浸水の海岸林の規模は三七〇〇ヘクタールで、そのうち七五パーセント以上の被害率、いわゆる壊滅的な被害に至った林は一〇〇〇ヘクタールに及ぶとか。

こうしたなかで、もちろん、海岸林が集落を守ったところもありました。

波高六メートル超の津波が襲った青森県八戸市市川町の林帯幅一五〇メートルのクロマツ林は、自らも倒れながら、流されてきた漁船を十隻ほど食い止めました。その背後の住宅地では一階は水に浸かったものの、破壊・流失は免れたそうです。

森林総合研究所は、この実例について、もしクロマツ林がなかったらという仮説のもとモデル計算しました。その結果、海岸からこの林を通り抜けた三五〇メートル奥の地点で、実際は浸水深三・一メートル、最大流速二・三メートル／秒という数字が、林がなかった場合、それぞれ四・四メートル、四・〇メートル／秒に達すると推定できたそうです。ここから林野庁は二〇一二（平成二十四）年の、東日本大震災に係る海岸防災林の再生に関する検討会で、「海岸防災林は、津波自体を完全に抑止することはできないものの、津波エネルギーの減衰効果や、漂流物の捕捉効果など、被害の軽減効果を発揮していると考えられる」と評価しています。

さて、陸前高田の希望の松。残念ながらその後枯死してしまい、現在はモニュメントになっています。しかし接ぎ木などでその遺伝子を持つ樹を育てる取り組みもあり、故郷・陸前高田市の高田松原津波復興祈念公園のほか、各地の公園などで後継樹が育っているそうです。

東日本大震災という大きな悲劇で皮肉にもクローズアップされた海岸林。遷移の点から見ると、マツ林という途中相でありながらもこれだけの力を発揮する林。何よりも青い海、白い砂浜にマツ林という光景は、日本人が思い浮かべる「白砂青松」そのものです。その姿は風景として優れているだけでなく、地震・津波の多い島国日本にとっては、なくてはならないものだったのです。

高田の松原跡

空気のような存在

空気のような存在

「生態系」という言葉の定義は人によってさまざまです。いくつもあるなかで、私が使っているのは、「あるまとまった地域（空間）に生育する生物のすべて（植物、動物、微生物）と、その生育空間を満たす非生物的環境（大気、土壌、水、……）が形成し、両者の間に物質の移動が存在する系」というもの。「系」は、「システム」と言い換えるとわかりやすいかもしれません。

生き物がいれば生き物同士で関係があり、また生き物の周囲には必ずそれを取り巻く環境があります。しかしこれらは別々に存在しているのではなく、当然、相互に関連しているわけで、「生態系」とはそれらを総合的にシステムとして捉えたもの、といえます。

植物は光合成をします。光合成とは、葉緑素をもつ植物が周囲の環境から二酸化炭素、水、栄養元素などを取り入れて、無機物から有機物を合成する作用です。葉緑素をもたない動物は自分で光合成できませんから、植物の生産物を食べて生きています。その動物を食べる動物、またそれを食べる動物……。植物からの落ち葉・枯死物、動物の排泄物や死体など、生命を失った有機物は、小動物に噛み砕かれ、微生物によって腐ります。腐るということは、有機物が分解されて、無機物に還元されて環境に戻ること。そして環境に戻った無機物は、また次の光合成の原料になります。
これは「物質循環」と呼ばれる自然界のシステムで、これこそ大切なのです。このシステムが典型的に機能しているのが森林であり、森林は生態系を説明するモデルとして常に使われています。

こうした考え方をまとめ、それに「エコシステム」と命名したのがイギリスのタンスレーという植物生態学者で、一九三五年のことでした。ところがこの頃、世界相手に戦争中で、世界の学術情報に疎遠だったわが国。一九四五（昭和二十）年に大戦が終了して欧米の知識が流れ込んだとき、国内の学者たちは、「世界ではここまで学問が進んでいたのか」と愕然としたそうです。その後、一九四九（昭和二十四）年に「エコシステム」を「生態系」と日本語訳して紹介したのが、生態学者・人類学者の今西錦司先生でした。

生態系の一単位は、大小さまざまに捉えられますが、ある生態系が必ず隣り合う生態系と関連をもっていて、それがまた隣とつながっているのが「自然」というもの。それはさらにある区域、ある地域……、といった具合に大きなまとまりになっていき、ついに地球レベルに至るのです。

この生態系から人間が受け取るものを総称して「生態系サービス」といいます。生態系の働きにより生み出されるあらゆる便益（物質資源・環境資源・文化資源）を意味する用語です。

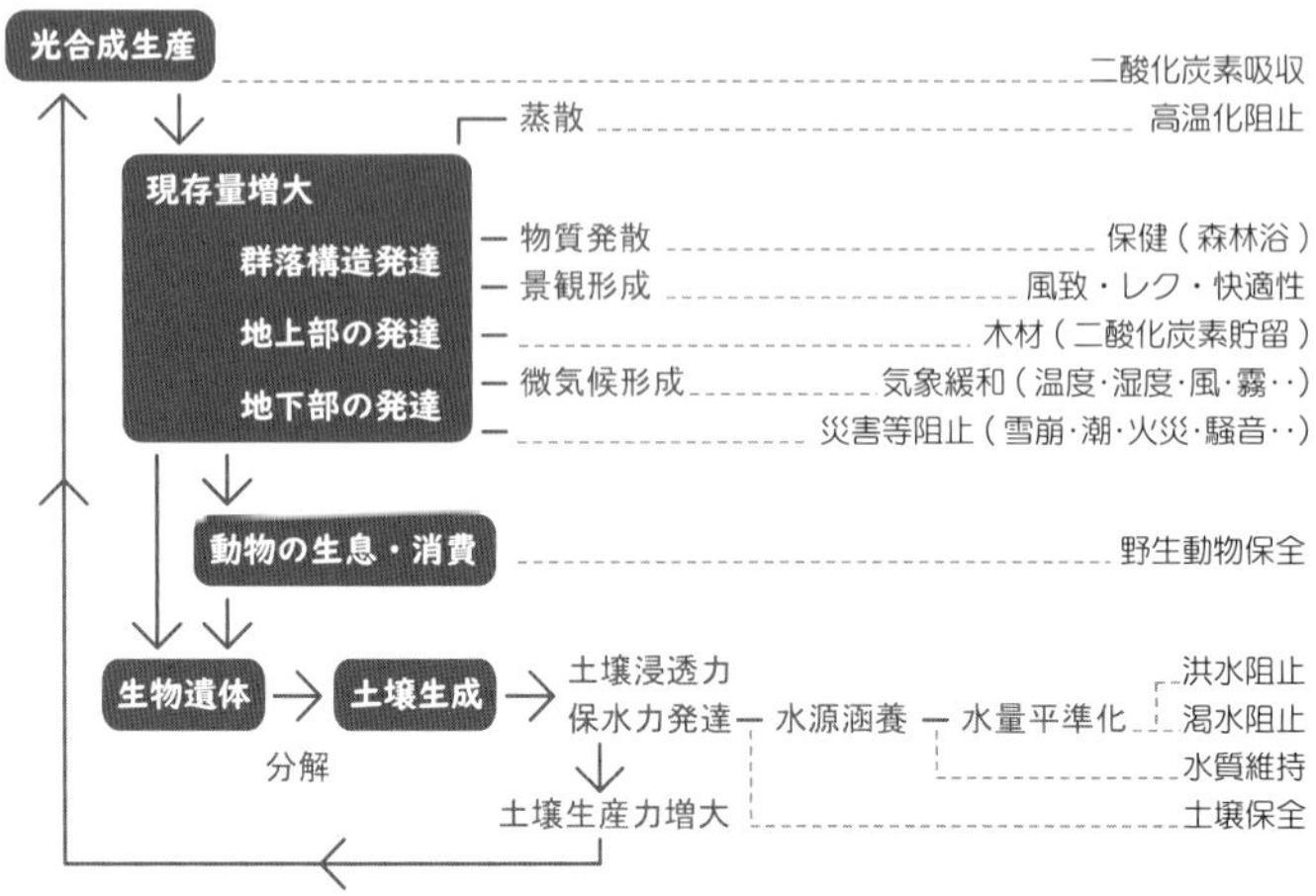

上の図は「生態系サービス」をまとめたものです。働き・効果は多岐にわたり、現在の人間生活が成り立つために不可欠のものということが一目瞭然です。

このなかで、食料や資材など物質的な資源は、昔から人間が利用して、注目されてきました。それに加えて、たとえば森林のもつ水源涵養、国土保全、最近話題の二酸化炭素吸収貯留など、数々の環境保全的な働きや、風景をつくったり、快適性を提供したり、保健、教養など文化的な効用をもたらしたり、というのもまた生態系の生産物です。

しかしこれらは従来、「緑の効用」「公益的機能」と呼ばれながらも、実際は、物質資源の副産物のような位置づけでした。それらについて副産物の扱いではなくきちんと重要視しようというのが「生態系サービス」の考え方です。

「空気のような存在」という言葉があります。一般には、そこにあるのがあたりまえ、あたりまえすぎて普段はその存在を全く意識していないものを表しますが、なくなったら困るもの、生きるのに欠かせないものを表すとも言えるのではないでしょうか。生態系サービスは、私たちにとってまさにそれにあたります。もちろん、こうしたサービスを人間が持続的に受けるためには、生態系が正常に維持・保全されること。それが基盤であることはいうまでもありません。

「空気のような存在」がある日突然消えたら……、そんな状況などあってはならないこと。そして、今あるものを活かしきれていないことは、「宝の持ち腐れ」といいます。森林の生態系というせっかくの宝物、上手に活かしていきたいものです。

広葉樹・スギ混交天然林（京都・芦生）

木を見て森を見ず

森林由来の物質的資源は、ずっと古くから金銭経済の対象でしたが、環境的作用や文化的効用は、同じ自然からの産物とはいえ、金銭経済の対象にはなりにくいものでした。

そんななか、物質資源以外の環境・文化的「資源」を金銭的に評価しようという目的から行われた、一九七二（昭和四十七）年の林野庁「森林の公益的機能の計量化」はちょっと話題になりました。わが国全森林の水源涵養、国土保全、酸素供給、レクリエーション、鳥獣保護の五つの機能を金銭換算しようとするもので、当時、農林省の林業試験場（現、森林総合研究所）勤務だった私もかかわりました。

たとえば水源涵養については、全国の森林土壌の孔隙量を推定し、それが満杯になったときの水量に匹敵するだけのダム建設費が、評価額とされました。また、当時重視された酸素供給の評価は、全国森林の光合成生産量を概算し、それに伴って放出される酸素放出量を、工場渡しの酸素ボンベの価格で金銭換算するものでした。

こうして計算された五機能の合計価格は一二兆八〇〇〇億円、これは当時の国家予算額を上回るものでした。

この「森林の価値」は、その後物価スライドして、三九兆円で通用していましたが、二〇〇一（平成十三）年に至って、日本学術会議は、化石燃料代替、表面浸食防止、表層崩壊防止、洪水緩和、水資源貯留、水質浄化、保健・レクリエーション、そして酸素供給に代わって二酸化炭素吸収といった八つの機能について評価し直し、合計を約七〇兆三〇〇〇億円とはじき出しています。

算定された「森林の価値」はかなりの高額です。しかしながらその額は、数多ある「森林の効用」のたった八つについてにすぎません。多くの人々が例外なく感じている「森林を見ると気持ちがいい」とか「心が落ち着く」とか、快適性とか、人間の心理に訴えるものは計算外というより、数値化が難しく、実は数値化不能です。私はこれを、あの名画『モナ・リザ』の価値を、絵具代、キャンバス代、ダヴィンチの日当などの合計で決めるようなものだと言っています。

それはともかく、木材以外の「森林の価値」が算定されても、誰もその代金、つまり森林の効用の使用料を払ってくれるわけではありません。やはり、森林の価値は四六時中使っても無料、わが国の森林は「空気のような存在」です。日常身の回りにあってあたりまえですが、「ある日それがなくなったとしたら」というもう一つの意味ももっていること（「空気のような存在」）、そして、その第二の意味こそが今後の大課題なのです。

さて、それだけ多面的にさまざまな価値をもつのに、森林の価値を表す尺度は今のところたった一つ。それは古くから使ってきた木材としての価格で、それしかありません。

木材使用の多かったわが国で、木材産業はかつて国の基幹産業の一つでした。太平洋戦争後でも、復興資材として木材需要は多く、木材価格の高騰が諸物価値上がりの引き金になった時期もありました。物価安定のためにもっと木材を、「国有林はなぜ伐り惜しむのか」という新聞論調、それに押されて増伐、拡大造林へと進んだ時代。森林の価値は、木材だけで評価されて、それで十分だったのです。

それが昭和四十年代半ばから、ようやく環境の面からの評価がされ始めます。一九七二（昭和四十七）年には前述の森林の公益機能を計量化。しかしながら、森林の価値は依然として木材価格が尺度でした。この間、国産材の価格は、一九八〇（昭和五十五）年をピークとして低下の一途をたどり、近年わずかにもり返しが見られるものの、以前からすると激減しました。その他の諸物価は上昇カーブを維持していますから、相対的に木材価格は異常低減ということになります。

昨今、環境重視の社会情勢が、環境としての森林の価値を高めていることは言うまでもありません。ところが状況は相変わらず。環境も森林の産物「林産物」であって、その恩恵を受ける社会こそが買い手になるべきなのに、森林からの生産物として評価されていません。それどころか、この高まった「環境としての森林」の価値を評価する尺度は今もなお、低落した「木材価格」なのです。

せっかくの豊かなすばらしい森林をうまく活用できない、まさに「宝の持ち腐れ」のわが国ですが（「空気のような存在」）、宝は宝の価格で評価してほしいもの。環境として価値の高まった森林を、落ち込んだ木材価格で評価するとは、どうにも「木を見て森を見ず」。何かこのことわざがぴったりのような気がするのです。

大阪・万博記念公園

水は方円の器に随う

「万物の根源は水である」と言ったのは、古代ギリシャの哲学者タレスでした。その大切な水が質量ともに安定して供給されるためには、森林の働きが必要です。

通常、森林では、落ち葉などのおかげで、孔（すき間）が多い土（腐葉土）が発達します。腐葉土は団粒構造のためよく水が浸み込み、土壌浸食も少ないのです。また、樹木の細根は土壌に網をかけたように、直根はその網に杭を打ったように働き、土を浸食から守ります。雨水はゆっくり土に浸み込み、徐々に良い土がつくられ、それがまた水をよく浸み込ませます。まさに「真綿が水を吸う」ような働きであり、これが、森林の生態系サービスの重要な一つ、「水源涵養」です。

降水と森林の問題、森林の水源涵養と土壌保全には、実は表裏の関係性が見られます。土砂崩れの現象には、表面の崩壊と深層の崩壊の大きく二つがあります。前者は、土がもつ水を浸み込ませる能力を超えて雨が降った場合に起こる地表流をきっかけに、表面侵食・土石流などが続くこと。一方、後者、深層の崩壊は、長時間にわたる大量の降雨が岩石と土の境目を緩ませ、土が崩れ落ちるというもの。台風で多く見られるケースです。

この深層からの崩壊について、時折、森林は直接的な効果をもたないという意見が聞かれます。さらには水をよく浸み込ませるから土を重く崩れやすくする。樹木自体の重量もかかる。森林の存在はマイナスだ、などとも。しかし深層崩壊は、とくに悪条件が重なったときに起こるものです。日常の山地保全はもちろん、深層崩壊にいたる前の段階でも、森林はその影響を和らげているのです。

さて、森林の土に浸み込んだ水は、土の中をゆっくり動いて川に出たり、地下水に加わったりします。したがって、川の下流では、雨が降ってもすぐには増水（洪水）せず、晴天続きでも水涸れ（渇水）しにくくなります。これが「水源涵養」の働きであり、すなわち、土壌保全の働きでもあったわけです。

手入れされていない人工林では、この機能がうまく働きません。間伐などの手入れをしない植えっぱなしの人工林は、全体に細い木がもやし状に立ち並び、すっかり葉で覆われて林内は暗く、下層の植生も生育できません。そんな状態では、降った雨は梢から直接地面を叩き、土を跳ね飛ばし、勢いよく流れて、すぐ谷川に出ます。そもそも育ちの悪い個々の木の根の発達は、地上部よりもさらに悪く、土を掴まえる力も弱くて山崩れも起こりやすくなっています。

そこで重要なのが適切な森林管理です。間伐をしたり、下草を刈ったり、健全な人工林を育てるには、日々の手入れが欠かせません（「辛抱する木に金が生る」「角を矯めて牛を殺す」）。木材収穫のためだけでなく、水保全、土保全など環境面へ貢献度の高い森林状態を維持するためにも森林管理が必要なのです。

しかしながら、日本の林業衰退で山村からは人々が離れてしまいました。戦後の拡大造林で生まれた広大な人工林は、人による手入れ管理が不可欠ですが、現在ではそれに必要な労力・資金が十分でないのが実情です。

心配はもう一つ、外国資本による森林の買いつけです。日本では材木生産による収入だけが評価基準となるので、価格の低下したわが国の山（森林）は、目をつけられるところとなりました。リゾート開発地として、また水資源地として。現在の民法では、地下水は土地所有者の財産、つまり「私水」なのだそうです。とすれば、水源地を外国資本が所有しているということ。……何か不安を感じませんか。

二〇〇〇年代以降、全国で水源確保のための森林公有化が進行しています。それは、水源維持・確保の目的で、進む森林荒廃や外国資本による森林の買いつけなどに起因する将来の水資源危機を懸念してのことです。

水道の発達で、誰でも蛇口から水が出ると思っている時代ですが、わが国ではその水源は森林です。個人の力での山（森林）の保全が難しくなった現在、その水源維持・確保のための動きは、今後もますます重要化してゆくと思われます。

「水は方円の器に随《したが》う」といいます。液体の水が入れ物によって形を変えるように、人も環境や交友関係によって変わるということの例えに使われます。

これについて、水源の状況によって水の様相が変わる、つまり、森林管理や権利関係が適切であるかどうかによって、私たちの大切な水の運命が決まってしまうということを意味しているような……とは、考えすぎでしょうか。

赤沢自然休養林

「木」死回生

森へのハイキング。爽やかな空気にふれながら楽しく山道を散策しているとき、こうした光景を目にしたことはありませんか。

天然林のはずなのに、かなり大きな木が何本も一列に並んで生えていて、まるで人工林のようだ。

木の根元が二股・三股に分かれ、トンネル状の大きな穴になっている（写真上）。……

これらの理由は、ともに「倒木更新」。倒木更新とは、枯れたり風にやられたりして倒れ、地面に横たわったままで腐ってゆく枯れ木の幹の上で、そこに落ちたタネが、枯れ木を更新の床として芽吹き成長してゆく現象です。

時間が経てば、更新木は自分の根で土を捉え自立します。一方で、更新時にその場所を提供してくれた枯れ木の幹は、徐々に腐って姿を消してしまいます。したがって、その倒木の幹の上に更新した何本もの木は、当然一列に並んでいることになります。

大きなトンネル状の穴も経緯は同じです。枯れ幹が太かったり、小さな起伏があるなど地形の関係で宙に浮いたような格好だったりする場合、更新木の根がしっかりと土をつかんで自立した後、枯れ幹が腐ってついに姿を消せば、その後は空洞となって残るというわけです。もちろん、その根が自前で土を捉えるのにはかなりの努力が必要となるので、いささか珍しいものですが。

倒木更新自体は、天然林の中ではよく見られる現象です。トンネル状の大きな穴になる前段階の、横倒しになった幹の上に落ちたタネが根づき、育っている小さな木の様子（写真下）はそこかしこにあります。倒木は、腐朽が進むと更新木の栄養源として役立ちますし、その上の更新木は、ササなどの地表植生に被圧されにくくなる点で有利です。また、幼木の時期に成長を阻害する特殊な土壌細菌の影響を受けないともいわれています。

同じことは、伐採跡地の伐り株の上でも起こります。伐り株の上は、一般に平面で、タネが定着しやすいところです。伐り株をちょっと注意してみると、一つの伐り株の上にいろいろな樹種の稚樹が見られることもよくあります。

こんな芸当ができるのは地球上でごくわずか。当然のことながら、森林が生育可能なほどの湿潤地域に限られます。そして、わが国はまさにその条件にあてはまります。全国土降水量十分、国中どこへ行っても樹木や森林が見られ、開発が進んだとはいうものの、まだ国土の三分の二が森林です。

この倒木更新や伐り株更新という現象、「死」から「新しい命」が生まれる、と捉えることができないでしょうか。もちろん見かけ上のことですが。「起死回生」、この語の本来の意味は瀕死の人を生き返らせること、ひいては、滅亡の危機を救って事態を好転させること。ですが、この場合は「『木』死回生」と書いてみたいのです。

湿潤なところにのみ成立できる完成度の高い自然、森林。その特徴をひと言で表せば「循環」でしょう。植物の光合成生産（「あらたふと青葉若葉の日の光」）、動物の消費、微生物の分解還元、分解産物は次の光合成の原料、といった物質循環が正常かつ大規模になったものが、森林生態系であり（「空気のような存在」）、その流れからすれば、「死から生」の感覚もすんなり受け入れられそうに思います。生あるものは滅しても、それからまた生を生む「輪廻転生」の思想（「森厳」）。倒木更新は、まさにその典型的な具体例とはいえないでしょうか。

「前世は○○だった」とか、「来世は○○に生まれ変わりたい」とか、日本人の多くも、生命の繰り返しを自覚しているようです。「七生報国」なんて言葉もありました。「七転び八起き」も類似の感ありです。ある高僧はこう教えてくれました。「往生」というのは、「死ぬこと」

「困ること」の意味で使われているが、仏教本来の意味は、「向こう（別の世）へ『往』って『生』きること」なのだと。

今から半世紀ばかり前、奈良・大台ヶ原のトウヒ林に倒木更新が見られました。このトウヒの林は、大台ケ原を特徴づけ、知る人ぞ知る存在でしたが、残念ながら今は見る影もなくなってしまいました。シカの異常な増殖で食い荒らされてのこと。今の情景を見ると、トウヒ林はなくなって草原状、そこに密度高く群れるシカの姿。まるでシカ牧場です。「木死鹿異生」？

「木死鹿遺生」？　ちょっとダジャレが過ぎましたか。

山笑う

若葉、新緑の季節。とりわけ里山と呼ばれる山々の春姿、まさに容貌一新、それが日ごとに進行し、充実していく様子は、見事としか言いようのない自然の営みです。その葉の展開には日々の積算温度が大きくかかわっていますが、この自然界の大ドラマの前には、そんな科学的な解析など無粋な感じさえしてきます。

新緑の山がだんだんと明るくなっていくこの様子を、俳句では「山笑う」と表現。静かな冬山をいう「山眠る」に対応した季語です。

新緑は鮮やかです。明治の文豪・徳冨蘆花は一二〇年ほど前、著作『自然と人生』のなかで、山々の色を「淡褐《たんかつ》、淡緑、淡紅、淡紫、嫩黄《どんおう》」と表しました。また、それに続いて新緑展開後の様子を、こんな風に記しています。

青葉のころその林中に入りて見よ。葉々《ようよう》日を帯びて、緑玉、碧玉、頭上に蓋《がい》を綴《つづ》れば、

わが面も青く、もし仮睡《うたたね》せば夢また緑ならん。

蘆花は、東京の西郊、武蔵野の田園地帯に居を構え、農村を愛し、今でいう里山に心を寄せた人でした（「兎追いしかの山」）。

「山笑う」シーズンから夏に向かって、木々は若葉を充実させ、光合成を盛んにします。この時期の若い葉は黄緑色です。それは、若葉に多く含まれているカロチノイドという物質が、黄色系の色素をもっているからです。その後、光合成するための光や温度の条件が整ってくるにつれて、光合成をする葉緑素（クロロフィル）が増えてきます。葉緑素は緑色なので、増えるにしたがって緑色が強まり、カロチノイドの黄色は徐々に目立たなくなる。そして光合成が盛んになって、さらに濃緑になるというわけです。なお、カロチノイドは植物も動物ももっており、組織の中のさまざまな分子を結合させる働きがあります。

ところで、常緑樹も春には新芽を出し落葉します。シイやカシなどの常緑広葉樹（照葉樹）は春に二分の一にあたる量の葉が交代するので、黄緑色も目立ちます。

スギやヒノキの針葉樹は古い葉の四分の一～五分の一が秋に落ち、春につける新葉はその分だけなので、新葉の薄色はあまり目立ちません。ただしクスノキだけは別で、常緑樹でありながら、今年の新葉が開いた後に古い葉が全部落ちてしまう総入れ替え制。だから、五月には若葉ばかりの姿になります。その姿は、二分の一入れ替えのシイ類カシ類の常緑広葉樹と比べても一層鮮やかです。

また、春の落葉が目立つのはタケで、五月ごろ一斉に落葉するのと同時に新葉を展開します。その時期、枯葉ばかりの状況に見えることも多く、その姿が印象的なせいか、「竹の秋」という春の季語も生まれました。

そして、これは葉の話ではないのですが、続いてシイの花盛りがやってきます（口絵）。シイ類は、カシ類と並んで、西・南日本に発達する暖温帯照葉樹林の代表樹種。つまりは、わが国文化の発達の影響を最も大きく受けてきた森林の樹木というわけです。照葉樹林は冬も緑で、じめじめした雰囲気、ヘビやカエルなどあまり人に好まれない動物も多い陰気な林です。古い時代、そんな森林を潰して、他のものに置き換えることが「文明・文化」である、と考えられたのもわかる気がします。

そんな歴史の中でも、シイは春の花盛りを保ち続けてくれました。その後夏に向かって、豊かに葉を茂らせるのです。

先《まず》たのむ椎《シイ》の木もあり夏木立　　芭蕉

派手な見せ場がない常緑広葉樹類ですが、この時期のシイはちょっと別格。個々には決して目立つ花ではないものの、多く集まるとなかなか見事で、年に一度の晴れ舞台といったところでしょうか。

私としては、これもぜひ「山笑う」の風景と表現したいところです。

クスノキ

縁の下の力持ち

森林はモリやハヤシではない

高知県長岡郡大豊町。高知と高松を結ぶ国道三二号線が四国山地に分け入り、吉野川の上流と出会うあたりです。平安時代に官道として開かれ、江戸時代には参勤交代道としても使われた土佐北街道が通り、街道の立川番所にほど近い荷宿では、坂本龍馬が水戸浪士と会見して、脱藩の決意を固めたともいわれています。

ここに、「杉の大杉」という巨木があります（写真）。杉集落を見下ろす小高い場所に建つ八坂神社、その境内にそびえる二本の合体木。樹齢約三〇〇〇年で、スサノヲノミコトが植えたと伝えられています。

南大杉、北大杉と呼ばれる二本のスギが根元で合体し、樹高はそれぞれ約六〇メートル、国の特別天然記念物に指定されています。子ども時代の美空ひばりが「日本一の歌手になれますように」とこの樹に願掛けをした話は有名で、近くには歌碑もあります。

昔からその存在だけは知っていていつか見たいと思っていたのですが、高知に所用があった折にようやく立ち寄ることができました。その威容に圧倒されました。「大きいなあ」以外の言葉が出てきません。この大きなスギがあるがゆえに、集落も杉という名前になったのだろうが、さもありなんと納得。

ところで、いかにこの大杉のような巨木であっても、二本の合体木があるだけでは、それは「森林」とはいいません。

「森林」。あたりまえに誰でも使う言葉ですが、改まって「森林とは何か?」と問われると、ちょっと困りませんか。

その定義は人によってさまざまです。私自身は次の三項目を満足させるものを、「森林」と定義しています。

① 高木の集団として構成されていること

高木とは「背の高い（高くなれる）木」のことで、その高さの目安は五メートル程度。加えて、幹と枝の区別がつきやすいこと、すなわち、はっきりとした幹が発達する樹種であること。

② その高木が群をなし、ある程度の面積的広がりをもつこと

何平方メートル、何ヘクタール以上でなければならない、といった決まりはありません。小さくても「鎮守の森」です。

③ 葉の茂る時期には、「閉鎖」していること
閉鎖とは、木々の占める土地が葉ですっかり覆われた状態で、空から見て土が見えないこと。この概念は大切です（「辛抱する木に金が生る」）。

いかに大面積に広がっていても、ツツジの植え込みは森林ではありません。高木でないからです。同様の理由で、高山のハイマツ群落も、ハイマツ林とは呼ばれますが、森林にあらず。それより標高が低いところの亜高山帯のシラビソなどの針葉樹林までが「森林」で、それとハイマツ群落との境界のことを「森林限界」と呼びます。
また、いかに立派な巨木の並木（たとえば、日光の杉並木、北海道大学のポプラ並木）であったとしても、それは森林ではありません。その広がりは「線的」であって、「面的」でないからです。

「森」と「林」はどう違うか、ということもよく話題になります。大小の木々で「盛り上がって見える」のが森、「人が生やした」のが林、なんてダジャレもありますが……。
一般に、「森」はうっそうとした、大小の木の混じった天然林のような感じ、「林」はちょっと明るく高さの揃った人工林や里山といったイメージでしょうか。言葉としては、特に区別せず使われていることが多いようです。ただし、天然林、人工林、広葉樹林、針葉樹林、保護林

といったように熟語・専門用語として使われる場合は「林」です。
そこで思い出されるのが、私の恩師である四手井綱英先生の著作の中の一節です。

森林をモリやハヤシと読んだのは日本人だけだ。日本人は、古い時代に森をモリだと思い込んでしまった。しかし、中国語では「森」は「深」と同じ意味のシン（深い）という形容詞だった。森林はモリやハヤシではなく、「深い林」だったのだ。現在日本で名詞に用いている「もり」は形容詞だった。

（『森林はモリやハヤシではない――私の森林論――』、二〇〇六年）

ところで、「森林」は、専門用語としては樹木だけでなく、その土壌のことも合わせて意味します。ここで思い出すのが「杜」。木偏に土と書くこの字は、まるで森林という「生態系」を意味しているよう。うまくできていると思いませんか。

母なる大地

二〇一五（平成二十七）年は、国際土壌年（International Year of Soils）でした。その四年前にあった国際森林年と同様に国連が定めたもので、事務局は国連食糧農業機関（ＦＡＯ）でした。

土はとても身近な存在。「土が肥えている」「痩せている」とはよく聞かれる言葉で、その性質は作物の出来を左右します。もちろん、土壌の違いによって生えている植物も異なります。しかし、土の役割・働きはそれだけではありません。もっととてつもなく大きいもの。それが、国連決議の文章にも表れています。

……総会は、……土壌は、農業開発、欠くことのできない生態系機能および食糧安全保障の基盤を構成し、それゆえに地球上の生命を維持することの鍵であることに留意し、……優良な土地管理、とりわけ経済成長、生物多様性、持続可能な農業と食糧の安全保障、貧困撲滅、女性の地位と能力の向上、気候変動に対処することおよび水の利用可能性

の改善に対するその貢献、の経済的および社会的重要性を認識し、そして砂漠化、土地の劣化および干ばつが地球的次元の課題であり、またそれらが、全ての諸国、とりわけ開発途上国の持続可能な開発に対する重大な課題を与え続けていることを強調し、……二〇一五年、国際土壌年を宣言することを決定する。……

（国連広報センター翻訳／……部筆者中略）

おわかりでしょうか。土は、こんなに多種多様なことにかかわっているのです。たとえば、土地が痩せていて水が十分にない地域での農業について、女性が水汲みの担い手として過酷な労働を強いられているという問題も、その一つです。

ところで、我々の身の回りにあたりまえにある土、「土壌」とは、どのようなものを指すのでしょうか。

辞書風に言うなら、「地殻岩石の上にその風化物などが堆積したもの」でしょう。もちろんそこの岩石の風化物だけでなく、火山灰のように他所から飛んできて堆積したものもあります。その堆積の深さは一概に言えませんが、わが国の山地で一メートル。平地の深いところで数メートル。地球の陸地全体では、平均すれば一八センチメートルの厚さとされています。そのうち、栄養が豊かな黒い表層土にいたっては、わずか一〇センチメートル程度です。

ロシアの土壌学者であるドクチャエフが、もう一〇〇年以上も昔に「土壌生成の五要因」ということを言っています。それは、土の原料、岩石、火山灰などの「母材料」、それを風化させたり変質させたりする温度や降水などの「気候」、日射・水、浸食・堆積などに関与する「地形」、有機物の供給・分解を受け持つ「生物」、そして土壌が完成するまでの長い「時間」。その長さは万年単位、完全成熟土壌になるのは百万年かかるという説もあります。

長い長い年月をかけて自然がつくってきた土壌は、地球表面の薄皮のような貴重なものなのです。その薄い土壌の上に育つ植物、それに頼って生きる動物。ヒトもそれに頼って生存を許されている動物の一種……、と考えれば、土壌を大切にしなければいけない理由がわかります。

そして、土壌に関する目下の最大の問題は、地球上からこの大切な土壌がどんどん失われていることです。それも、風や水の浸食だけでなく、人間の活動のせいで。

たとえば、熱帯林。木々が伐採されて地表があらわになると、土壌表面に直射日光があたり土の劣化が進む。すると直接の強雨で浸食も起こりやすくなります。自然の恩恵にあずかっていた人間が自然をゆがめてしまったのです。それがめぐりめぐって人間に不都合な事態を招くことになれば、人間は今度は自分たちにとって良い環境を保つため、対策に奔走せねばならなくなるのです。

森林生態学の分野も、土壌と密接にかかわっています。良い土が樹木の良い成長をもたらすのはいうまでもなく、たとえば森林がもつ、保水力や洪水調節力といった水源涵養機能は、まさに土壌の働きがあってこそ発揮されるもの（「水は方円の器に随う」）。また、有機物を分解して、植物が吸収できる無機栄養物に変えて供給している微生物の活動場所も土の中です。さらには二酸化炭素のこと。大気中の二酸化炭素濃度には、土壌から分解放出される炭素の量も大きく影響しています。その動向によっては、地球温暖化を進めたり抑えたりすることになるというわけです。

かつての文明の地の発展も豊かな土壌あってこそで、文明化が進み土壌を酷使するようになると土壌は徐々に劣化し、結局は文明も衰退していきます。文明が自然の生態系を狂わせて農林業の生産量の低下を招き、やがて人口が維持できなくなる。クレタ島、メソポタミア、エジプト、ギリシャ、ローマ、黄河……すべてに言えることです。その状況は今日も続いていて、土壌の劣化は進行中。それは森林を衰退させ、環境悪化を引き起こし、人々の生活を破壊してゆくのです。

我々のすこやかな暮らしを、見えないところでがっしりと支えていてくれる土壌。その姿は、大家族を切り盛りする肝っ玉母さんのよう。まさに「母なる大地」です。

しかしその偉大な母は、意外に華奢で壊れやすい存在でもあります。母に寝込まれては一家の生活は立ちゆきません。家族は普段から母への感謝の気持ちを忘れず、ねぎらい、母の気持ちを汲んで積極的な行動を心がける必要がありそうです。

縁の下の力持ち

見えないところで苦労をして、しっかりと人々を支えているような存在のことを、「縁の下の力持ち」と言います。森林にも、縁の下ならぬ「土の中」に力持ちがいて、森林をすこやかに保っています。それが根です。

大きな台風のあとなどに、街路樹が根こそぎ倒れていることがあります。街にある木は周囲をコンクリートで固められ、根を張れる場所に制約があり、どうしても根の生育が悪くなってしまいます。結果、当然ながら木は倒れやすくなるのです。ではこうした制約がなく、陸上に生えている一般的な木が健全に育った場合、根は地中でどの程度成長しているのでしょうか。

幹や枝葉（地上部）と地中の根の重さ（地下部）の比は、一般的に三対一〜四対一というデータがあります。つまり、地下には、地上に見えているものの三分の一くらいが隠れているということ。この比率のことを、専門的には「T－R率（比）」といいます。Tは地上部（Top）の重量、Rは地下部（Root）の重量の意味です。

このT－R率、前述のとおり一般的には三〜四（地上部対地下部が三対一〜四対一）ですが、実は植物の種類ごとにほぼ決まっており、それぞれ異なります。たとえば、東南アジアの水辺などに育つ、水中に踏ん張っている姿が特徴的なマングローブ（写真）は、この数値が逆になって三分の一（一対三）程度。タコ足になっているところまでが根なので、T－R率については R の方が大きいのです。

また、地下茎が発達することで有名なタケですが、地下茎は地上の幹よりも内部が充実しているのでどんな率になるかと思いきや、地上部もかなり大きく育つため、T－R率が極端に小さくなることはありません。

森林に育つ木の場合、T－R率は、森林成長に伴って大きくなる、つまり地上部が増える傾向があります。下部の枝葉がなくなっている分、比率は小さくなりそうなものですが、それ以上に幹が太くなるためです。

熱帯によく見られる空気中に伸びる根、いわゆる気根は地上部にカウントされます。同じく熱帯の植物に見られる板根は、土の中の根の発達の悪さを補って安定性を保つために、地表に近い幹を四方へ板状に発達させたもの。幹の基部を広げて土の上に置いた姿は、まるで宇宙ロケットです。栄養たっぷりに思える熱帯の土壌は実は貧弱で、落葉・落枝の分解が速く進みすぎ、したがって根の発達も悪いので、このような成長するための工夫が必要になるのです。

イギリスの王立植物園キュー・ガーデンの遊歩道に、こんなプレートがありました（口絵）。

木の根っこの範囲は木の高さの二倍になるが、深さはたった一メートル

根には二種類あります。「直根」は、まっすぐ垂直的に伸びる根で、杭の役目を果たすもの。一方、「側根」は、横に這うように伸びるもの。一般に、制約なしの良質の土壌に木が植わっている場合、直根は当然、土壌の深さの分伸びていきます。ただ土の部分が浅くすぐに岩盤が存在するならば、そこから先に伸びることができません。

一方、側根は、かなりの距離まで伸びます。量としては、枝張り相当の範囲に八割が存在、残りの二割の側根は、枝の張る面積よりもさらに広がっていると言われています。

よく発達した森林の場合、隣接する木が伸ばした根同士が絡み合っていて、そのことで森林が安定しており、育つにつれ強固になっていきます。こんな実験がありました。スギ林に消防ポンプを持ち込み、強い水圧で土を洗い流してみたところ、スギは根だけで支え合って倒れることなく、その場に立ったままだったというのです。

こうした根の大きな役割が水源涵養です（「水は方円の器に随う」）。この働きについて、一般に針葉樹林より広葉樹林の方が格段に優れているという説が、世間でまことしやかに語られています。なかには、「針葉樹林にその能力はゼロ」みたいな言い方すらあるほど。説の根拠

は単純で、水を浸透させる土の醸成には腐った落ち葉が不可欠ですが、広葉樹の落ち葉の方が腐りやすいから、ということのようです。

しかしこれには大いに反論したいところです。針葉樹の落ち葉だってもちろん腐り、豊かな土壌を醸成します。天竜川沿い、静岡県にある金原明善水源林のスギ人工林をはじめ、水源涵養に役立ってきた針葉樹林というのは各地に多数あるのです。

枯れたサクラの根の標本（京都府立植物園）

あらたふと青葉若葉の日の光

俳人・松尾芭蕉が、『おくのほそ道』の旅の途中で日光に立ち寄った際に詠んだ、こんな句があります。

あらたふと青葉若葉の日の光

季語は「若葉」で夏。日光という地名と日の光をかけて、「あらたふと（なんと尊いことよ）」と太陽の光の恵みを讃えています。記述によると日光訪問は四月一日。これはもちろん旧暦で、現代ならば五月の頃ですから、日光の山はどれほど美しかったでしょうか。むせかえるような新緑の山、若い葉っぱにさんさんと太陽の光が降り注いでいる様子が目に浮かぶようです。

そしてそこでは、きっと旺盛に光合成が行われていたことでしょう。

光合成とは、植物が、葉緑素の働きにより太陽エネルギーを利用して二酸化炭素と水から炭水化物を生成する作用のことで、生態系の物質循環の基本となる働きです。

光合成の目的は、ブドウ糖を得ること。ブドウ糖から、でん粉、各種糖類、植物の主要成分のセルロースといった炭水化物が合成されます。これらをつくり出す作用という意味から、光合成は「炭酸（炭素）同化作用」とも呼ばれています。

光合成による生産物は、植物の生活はもちろん、動物の生活も支えます。葉緑素をもたず、自ら光合成生産ができない動物の生活は、全面的に植物の生産に依存しているのです。

その意味で、植物のことを「生産者」、動物のことを「消費者」と呼んでいます。

一般論でいえば、光合成による生産物の量が最も多いのは森林です。それは、森林は草原などに比べて大規模な生態系を成すこと、とくに高さ、つまり垂直的な広がりがあること、そしてびっしりと葉を着けること、に由来します。

わが国では、樹高が三〇メートルもあればかなり立派な森林ですが、これくらいなら世界にはいくらでも。熱帯の多雨林には、六〇メートルくらいの高さの木はざらにあります。

高さがあるということは、葉を垂直的に広く配置できるということ。したがって葉量を多く保持でき、光、すなわち太陽エネルギーを無駄なく使えることを意味します。実際に光合成を担う葉の表面積（片面）の合計は、森林ではそれが覆う土地面積の七～八倍にも達し、これは、草原の葉の面積合計より五割程度は多いのです。

ある時間内、たとえば、一年間の総光合成生産の量を「総生産量」といいます。そして、生活に必要な呼吸に使う量を差し引いて、実際に植物有機物として固定された量を「純生産量」といいます。この関係は商店の売上げにたとえるとわかりやすいでしょう。光合成における総生産量→店の総売上げ、呼吸量→必要経費、純生産量→純益、と、それぞれ置き換えて考えてみてください。森林の場合、これらの量は通常、年間一ヘクタールあたりの絶乾重量（水分ゼロの状態の重量）に換算して示されます。

過去の数多い調査から集約すれば、森林の総生産量は、草原の一・五〜二倍に達し、森林の光合成の効率のよさを物語ります。ちなみに純生産量で比較すると、森林と草原の差は目立たなくなります。森林には草原にはない幹や枝があり、根も大きく、植物量自体が二桁も違うので、それらの呼吸消費量が草原よりずっと大きいためだと考えられます。

とはいえ、森林の光合成効率が良いことは間違いありません。海も含めた全地球上の純生産量の四〇〜五〇パーセントは森林によると推定されていますが、森林の占める面積は、全地球表面の九パーセントにすぎないのです。

そして光合成の原材料は、言うまでもなく二酸化炭素。となれば、地球温暖化の原因である二酸化炭素を吸収・固定・貯留する森林の重要性、ますます大きくなっていくでしょう。

ところで、光合成に使われる太陽エネルギーは、そこへ落ちてくる総量に対してどれくらいでしょうか。これはなんと最高能率の森林でもせいぜい三パーセント程度です。意外に小さい割合と思われるかもしれませんが、太陽エネルギーの大半は、地面や水を温めたりするのに使われるのです。

光合成は、複雑な化学変化で有機物を合成します。それはすなわち、太陽エネルギーを固定すること。植物は光合成のときに太陽エネルギーを取り込み、動物は、その植物を食べることで間接的に取り込み、生きています。

その他の化学的反応では得ることのできない形のエネルギーを地球上に確保し、それによって地球上のすべての生物の生命活動を支える、そんな重要な役目を担えるのは、他でもない、葉緑素をもつ植物だけです。

「枯れ枝の山にも太陽の光は注ぐ」（フィンランド）や、「The sun shines upon all alike.（すべての人に同じように太陽の光は注ぐ）」（イギリス）など、古今東西の故事ことわざに、太陽光は「唯一無二」の存在としてよく登場します。すべての生命の源となる太陽光。芭蕉でなくても、最大級の賛辞を送り、感謝したくなります。

質より量

森林のことを語るとき、私たちはそこから産出する材木が高く売れるかどうか、つまり、「質」を気にしています。それを「質より量」の言葉どおり徹底的に量の点から評価するのが、最近よく耳にするバイオマスの考え方です。バイオとは生物、マスとは量、すなわち生物の現存量のことを指しています。

今、ゼロの状態から出発した植物群落があるとします。時間とともに成長が進んで植物の量が大きくなっていくのは当然のこと。そこで、ある空間内に存在する生物体の量を「ある時点」に限って計測したものを「現存量」(standing crop)と呼びます。

これは、単位面積あたりの絶乾重量(生物体から水分を完全に追い出した重さ)で表し、森林の場合は通常、トン/ヘクタールという単位が使われます。十分生育が進めば現存量の増加速度は次第に低下し、やがて現存量は上限に到達して、横ばいになります。植物群落の種類によって、当然、その上限量は変わってきます。草原ではせいぜい二〇トン/ヘクタール程度ですが、森林ではその一〇~三〇倍にもなります。森林は、草原にはない幹や枝を大量にもっているからです。

森林のなかでも、現存量は気候帯などの条件によって異なり、一般に寒冷地域よりは温暖地域の方が大きな現存量をもつといえます。アメリカの生態学者・ホイタッカーはそれぞれ一ヘクタールあたりの平均値を、熱帯・亜熱帯多雨林は四五〇トン、熱帯・亜熱帯雨緑林は三五〇トン、暖・冷温帯常緑樹林は三五〇トン、暖・冷温帯落葉樹林は三〇〇トン、亜寒帯林は二〇〇トン、としています。

具体的に、現存量の大きな森林の例をあげてみましょう。

一九七〇年代に、私もその伐倒・計測調査に参加したマレーシアの熱帯多雨林、最高樹高五八メートルのこの林の現存量は六六四トン／ヘクタールでした。

アメリカ西海岸、樹高八〇メートルのセコイアの林では、なんと二三〇〇トン／ヘクタールと計測されています。ここは巨木林で、この近所には世界最大木、幹体積一四八七立方メートルのジャイアント・セコイアが生育しているのです（写真）。この幹体積から換算すれば、この巨木一本で九〇〇トン！

他方、わが国の最大現存量記録となると、かつて山形県金山にあったスギ人工

林。この森林（一三九年生時）一ヘクタールあたりの幹体積が二七八〇立方メートルです。それから換算した一二五〇トン／ヘクタールという数字があげられるでしょう。なお、この金山の森林の最大樹高は五四メートル、平均樹高は四二メートルでした。

今度は、その空間に存在する現存量について、密度（キログラム／立方メートル）を計算してみます。熱帯林で一・二、セコイア林で二・八、スギ林で二・三、という数値が出ました。

この値は、それぞれの森林において、木がびっしり生えているように見えても、森林の中は案外スカスカであることを表します。数字ではピンとこないかもしれませんね。カラカラに乾燥した状態の台所の洗い物用スポンジが一〇キログラム／立方メートル程度といえば、少しはイメージしやすいでしょうか。

しかも、セコイア林やスギ林は極端な現存量をもつちょっと特異な例です。一般的に、森林の多くでは、地上部の現存量密度は〇・五～一・五キログラム／立方メートル（平均一キログラム／立方メートル）あたりに落ち着くとされています（吉良・四手井、一九六七年）。このことについて、針葉・広葉樹林、常緑・落葉樹林の明らかな差はありません。ただしこれは、その森林が葉ですっかり覆われた、閉鎖状態（「辛抱する木に金が生る」）にあることが必須条件ですが。

一キログラム／立方メートルといえば……。森林の現存量密度は、先のスポンジのわずか十分の一にすぎません。

さて、もっと大きな話。

地球上の植物現存量を、ホイタッカーは一兆八〇〇〇億トンほどと概算しています。そしてその九九・八パーセントまでが陸上にあるといいます。この数字について、海は広いのにどうしてと思われるかもしれませんが、広大な海洋ではその表面だけが小さな植物プランクトンの生育するところ。また波に揺れる昆布など大型海藻は大陸棚・浅海などでのみ生育可能であり、その面積は限られているからです。

陸上の植物現存量のうち、九〇パーセントが森林です。森林面積は陸地の三分の一近くにまで減少しました。この限られた面積の中に、地球全植物現存量の大部分が詰め込まれているというわけです。このことだけでも地球における森林の重要性がわかるような気がしませんか。

今も熱帯の林を中心に、年々四七〇万ヘクタールの森林が減り続けていると聞きます。これはつまり、それらの森林がこれまでに築き上げてきた現存量もまた、減り続けていることを意味するのです。

というわけで、とにかく「質より量」なお話でした。

年輪を重ねる

バームクーヘンというお菓子があります。ドイツ語でバームとは木の幹、クーヘンとはケーキ。私も大好きで、ときどき家族と一緒に楽しんでいます。結婚式の引菓子の定番でもあり、その理由は、年輪が末永い幸せに通じるからだとか。

年齢や年月を重ねていくことを「年輪を刻む」とか「年輪を重ねる」といいます。私たちは、時の流れを成長していく樹木の姿に投影しているのでしょう。美しく刻まれた年輪には、それまでに費やした時間や積み重なった経験が見えるような気がします。

その年輪ができていく仕組みを、図に示してみました。

「一年目の木」　一番小さい円錐形。これを、表の皮をむいた「今年の木」とします。

「二年目の木」「今年の木」から一年後の木。木は一年が経つと直径方向、樹高方向ともに成長します。単純に言えば、太って背が高くなる、ということです。

「三年目の木」　その後一年経つとまた、太って伸びて大きくなります。

「四年目の木」　さらにその一年後の木。またひと回り大きく成長……。

という具合に「太って伸びる」の繰り返し。成長の仕方としては、前年の幹を翌年の幹がすっぽりと覆っていくというイメージで、樹齢を重ねれば重ねるほど背は高くなり、幹は太くなっていくというわけです。

ですから、「若い頃、木に名前を彫った。何十年ぶりで訪れたら木が大きくなっていて、名前がぐんと上の方にあった」なんて話をときどき聞きますが、それは間違い。彫った名前の位置（地面からの高さ）は変わりません。幹が太るわけなので、文字が横長に変形することはもちろんありますが。

ここで、「四年目の木」、すなわち「今年の木」から三年後の成長した木を伐ってみます。幹に水平にノコギリを入れると、その切り口には同心円がいくつも現れます（図）。伐り株の断面、いわゆる年輪です。

くっきり線が入るのは、季節による成長の度合いの違いによるものです。幹は、春から夏の気候の良い頃によく成長、つまりどんどん太ります。そのため、この時期の成長跡の色合いは薄くなり、一方、秋から冬の寒い時期になると成長が低下し、やがて停止。この頃の色合いは濃くなります。したがって、一年中暑い地域では木に年輪は

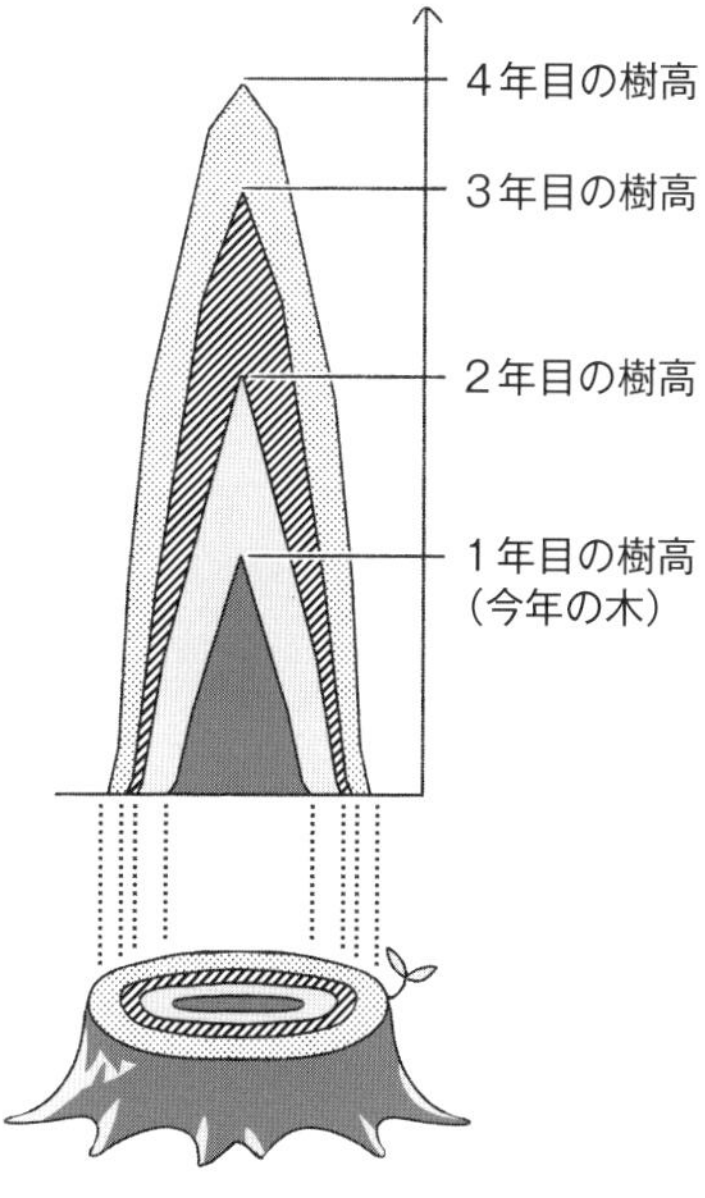

なくなります。熱帯に育つ広葉樹のラワン材は木目が見えにくいというのが特徴です。

熱帯は別として、木の幹には、どの高さの横断面（輪切り面）でも、年輪があります。そして、たとえば外から五本目の年輪は、どの高さでも五年前の年輪のはず。そのことを応用して木の成長をはかる「樹幹解析」という手法があります。

幹を一定の長さに切り分けて、その断面に見られる年輪を測定してつなぎ合わせ、現在および過去の幹の体積を算定、さらにそれから成長過程を調べるというものです。

先ほどの図に示した「今年の木」から「四年目の木」についていえば、各々の円錐の体積をそれぞれ求め、その差を順次計算すれば、その期間の成長量がわかるというわけです。具体的な手順は次のとおり。

① 測定する木を伐倒して、樹高などを計る。

② 地上高〇・〇メートル、〇・二メートル、一・二メートル、三・二メートル、五・二メートル、……、以降二メートル（または一メートル）おきに幹を切断して、薄い円板を採る（写真）。ちなみに地上高一・二メートルとは胸の高さです。樹木の大きさを表す場合、この位置の幹の太さ（胸高直径など）が基本的な数字となります。

③ 円板それぞれについて、幹中心を通る直交線を引き、その線と一定年ごと（通常五年ごと）の年輪の交点をマーク。四方向について中心からの距離を測定し、年次ごとの平均直径を求める。

④ ③で算出した幹断面高ごとの年次別の直径から、「樹幹解析図」を描き、直径測定の誤りをチェックするとともに、各年次の樹高を推定する。

⑤ ①～④までで得た各断面・各年次の直径の資料から、年次別の幹体積を求める。このとき幹全体は、上にいくにしたがって直径の小さい円柱を積み重ねた上に円錐が頂上部として乗った形、という想定で幹体積が計算されます。

⑥ ⑤から、各年次間の差、すなわち幹成長量が求められる。

こうして求められた結果は、直径、樹高、幹体積などの今までの成長経過、また五年ごとといった、一定期間ごとの成長量や成長率の変化などを知るのに役立ちます。また、一つの森林から何本かサンプル木を選んで解析すれば、林全体の成長状況がわかるのです。というわけで、解説はおしまい。バームクーヘンでお茶の時間としましょうか。

マツも昔の友ならなくに

マツも昔の友ならなくに

誰をかも知る人にせむ高砂の　松も昔の友ならなくに　藤原興風《おきかぜ》

私は誰を友とすればよいのだろう。高砂のマツも昔からの友ではないというのに。

作者の藤原興風は、平安時代の歌人で、三十六歌仙の一人に数えられています。官吏としての位こそ高くはなかったものの、歌壇では大活躍。家集『興風集』を編み、『古今和歌集』などの勅撰和歌集にも多くの歌が採録されています。管弦に秀でていて、琴の名手だったそうです。生没年不詳なので何歳まで生きたかはわかりませんが、百人一首にも選ばれているこの歌が、年老いて友人に次々先立たれていく寂寥を詠んだものであることから察すると、きっと長生きしたのでしょう。

沈んだ気持ちを抱えた興風が思い浮かべるマツの木。高砂というのは播磨国の歌枕で、現在の兵庫県高砂市の海岸。古くからマツの名所とされています。白髪の男女（尉と姥）が箒と熊手を持つ高砂人形は、長寿と夫婦円満の縁起物です。

日本の原風景になくてはならないマツ。しかし、古代の日本にはマツは見られなかったようです。まさに、マツは「昔からの友ではなかった」のです。

『日本書紀』にも記載のある古い陶器生産団地、大阪の泉北丘陵での窯跡の調査によれば、陶器を焼くのに使用した薪は、六世紀末から七世紀初めを境にして、シイ・カシ類などの広葉樹からアカマツに変わるということです。これは、アカマツの火力の良さが知られての燃料革命、と見るよりも、近在の山の樹木がシイ・カシ類からマツに移行していったと見るべきでしょう。古い時代、マツは目立った存在ではなかったようなのです。たとえば六五〇〇年前の福井県・鳥浜遺跡では、多種類の木材を用途別に使い分けているのですが、マツは見られず、また三世紀のわが国（邪馬台国）についての記述「魏志倭人伝」にも、目立つ植物が十種あまり記載されているものの、そこにマツの名はありません。

六世紀末から七世紀といえば、飛鳥時代。日本文化の急展開の時期です。文化進展には、木材資源や燃料（薪）が原動力、農業肥料用にも生葉落葉等々、山々からの収奪は激しく、山の地力は衰えて、元々の植生（近畿ではシイ・カシ類などの照葉樹林）が保てなくなり、痩せ山相応の二次林に変わっていきました。その代表がマツ林と言えます。こうした現象を退行遷移と呼びます。

以降、国内各地で文化圏が形成拡大するに伴って、周辺林地のマツ林化は続きました。江戸時代にはそれは一段と加速したようで、当時の絵図には荒れ山にマツが点在する風景がよく見られます。

常緑で枝振り良く、その葉は「枯れて落ちても二人連れ」、めでたい樹木の代表として、マツは時間をかけて日本人の生活に溶け込み、日本人と切っても切れない深い関係になったのでしょう。そして、もし日本にマツという樹木がなかったら、人間文化の食い荒らした日本の山野は、無残な姿になっていたと思うのです。悪い土でも、土が流れた岩山でも、緑を保ってくれたマツの功績は大きなものでした。マツ林時代は、その後も石油系燃料や化学肥料が普及するまで続いたのでした。

昭和三十年代以降、人々の収奪がなくなった山々の土壌が肥沃化すると、退行していた遷移は進行に転じます。ということは本来の植生が復活してくるということ。今まで常緑広葉樹が生育できないからこそ天下を取っていたマツは、その席を譲り渡さざるを得ないことになり、衰退し始めます。そしてそれに追い討ちをかけ、致命的な状態にまで追いやったのがマツ枯れ病でした（「こここと思えばまたあちら」）。

半世紀前に比べて、マツ林はすっかり影が薄くなりました。この現状に、マツに郷愁を抱く人、日本の風景に不可欠と残念がる人も多々。社寺や観光地などで、マツ林復活を訴える声をよく耳にします。

昭和三十年代後半に九州から盛んになり、いまや青森にまで達したマツ枯れですが、一旦マツ枯れ終息と見えた地方でも、第二波、第三波……、と繰り返しているのが現状です。ただ、繰り返す被害はマツの個体数は激減させるものの、マツという種が絶滅するわけではなく、これに抵抗性のある個体を残していくはずです。しかし私は、今のマツ枯れ病勢力の下では、マツ林の急速な人為的復活は無理だと思っています。そもそも、今、一時的に人為的復活がかなったとしても、その後の維持管理、言葉は悪いですが、「かつての収奪的な利用」のようなマツ林の維持が可能でしょうか。今のマツ枯れという「自然の猛威」は、現今の人力を凌ぐと見るのが妥当だと思います。

「昔からの友」ではなかったマツ、しかしその後花開いた日本文化にはなくてはならない存在でした。長い付き合いの友がこのまま消えていくとしたら、それは日本文化の危機であるともいえるかもしれません。

『冨嶽三十六景　東海道程ヶ谷』
出典：ColBase（https://colbase.nich.go.jp/）

兎追いし彼の山

兎追いし彼の山、小鮒釣りし彼の川……。都会育ちであっても日本人ならば誰もが思い抱く「忘れがたき故郷」のイメージ。それに重なって思い浮かぶのは「里山」という語でしょう。農村と里山をこよなく愛した明治の文豪・徳冨蘆花（「山笑う」）は、一九〇〇（明治三十三）年刊の『自然と人生』で、里山をこう描いています。

谷は田にして、おおむね小川の流れあり、流れにはまれに水車あり。丘は拓《ひら》かれて、畑《はた》となれるが多きも、そこここには角《かく》に劃《しき》られたる多くの雑木林ありて残れり。

余はこの雑木林を愛す。

木は楢《なら》、櫟《くぬぎ》、榛《はん》、栗《くり》、櫨《はじ》など、なお多かるべし。大木まれにして、多くは切株より蔟生《ぞくせい》せる若木なり。下ばえは大抵奇麗に払いあり。まれに赤松黒松の挺然林《りん》より秀《ひい》でて翠蓋《すいがい》を碧空《へきくう》にかざすあり。

……春来たりて、淡褐《たんかつ》、淡緑、淡紅、淡紫、嫩黄《どんこう》など和《やわ》らかなる色の限りを尽せる新芽をつくる時は、何ぞ独り桜花に狂せんや。
青葉のころその林中に入りて見よ。葉々《ようよう》日を帯びて、緑玉、碧玉、頭上に蓋《がい》を綴《つづ》れば、わが面も青く、もし仮睡《うたたね》せば夢また緑ならん。

（……部筆者中略）

ところで、このなかに「里山」の語は出てきません。蘆花先生ならば必ず使うと思われるのですが見当たらないのです。というのももっともな話。実は「里山」の語が広く使われ始めたのは昭和四十年代後半で、いわば比較的新しい用語です。手元の辞書を見ると古くは講談社『日本語大辞典』（一九八九年）で「人里近くにある山」と簡潔に説明されています。その後丸善から発行された『森林の百科事典』（一九九六年）では「集落の近くにある山林を総称する一般語」とし、その対照語として「奥山」、類似語として「農用林」をあげています。これらよりずっと以前から東北地方や信州の木曽などで使用の例があるようですが、この言葉をポピュラーにしたのは私の恩師の四手井綱英先生で、先生もそれを自負していました。

四手井先生による定義は、「農用林であって、直接収入を伴わない林」です。すなわち、人里周辺にあって農業・農村の肥料源・エネルギー源として使われるが、直接的な金銭収入を目的としないもの。材木でも柴や薪でも、自家消費用が「里山」であって、収穫物を売り物、つまり金銭収入の対象とする林は、いかに裏山のような身近なところにあっても、それは里山ではない、と強調されていました。

現代ではこうした利用がなくなったため（「マツも昔の友ならなくに」）、現状に沿って解釈をする必要があるでしょう。山村においてはそれを取り巻く林業用の林、農村では農用林や薪炭林として用いられてきた低山地域、都市ではその近在林地あるいは街の中に残った丘陵林地なども、総括して広く「里山」と理解するのが現実的だと私は考えています。もちろん中心的存在が農村・農用林・低山地域であることは言うまでもありませんが。

その「里山」が、近年話題となっています。明治の開国以来、未開の自然を切り拓いて都市化することが文明開化であり、世界の先進国の仲間入りであると過剰に信じたわが国は、緑豊かな土地の「開発」に躍起になり、自給自足より金銭経済効率優先、外から移入して充足すべしと邁進しました。その結果、森林が長年にわたって育んできた伝統・文化を見捨てることも多々。それでよい時代は確かにありました。しかし人間社会の成長に限界が見え始めた今日、これまでのさまざまを見直さざるを得ない状況へきているようです。過去の長所を見直し、復活させる、あるいはそこから知恵を借りることを考える必要があるのではないか、と。

ここで注目されたのが、里山です。

森林には光合成による物質循環のシステムが存在しています（「あらたふと青葉若葉の日の光」）。生産→消費→分解・還元を繰り返すことで、使用済み有機物を無機物化し次の生産原料にするという完成された生態系は、まさに「循環」。そうした生態系と人間社会とが寄り添う場所が「里山」であり、ならば循環型社会としての農山村に学ぶこと、すなわち「里山の復権」が、健全な人間社会をつくる手段の一つになる、消費型経済社会から循環型社会へ舵を切ることが必須である、と考えられたのです。

それは、「SATOYAMAイニシアティブ」として、二〇一〇（平成二十二）年、名古屋での生物多様性条約締約国会議（COP10）で発信されました。里山のシステムを分析し、地域の環境がもつ能力に応じた自然資源の持続可能な管理・利用を目指して共生的自然利用の普及を図ろうという機運が、今、国際的に高まっています。

「里」という字を分解すれば、「田」と「土」です。「田」は農地を象徴し、「土」はその生産力、「山」は森林を表現しているといえますから、いささかこじつけながら「里山とは農地の生産力を支えた森林」とするのはいかがでしょう。兎を追いかけ、小鮒も釣った、山はあおく水は清い「里山」が世界に向けて発信されたことを、日本で森林を研究してきた者として誇らしく思っています。

適「採」適所

滋賀県北部の山門《やまかど》水源の森（写真）は、福井県に隣接する六三・五ヘクタールの森林です。その中に五・六ヘクタールの湿原を抱え、標高は二一〇から五一二メートル。「日本重要湿地五〇〇（環境省）」「水源の森一〇〇選（林野庁）」に指定されています。ここでは、標高二六〇メートルの場所に寒地性のブナが成育し、暖地性のアカガシと境を接するという珍しい植生が見られます。

湿地には、ミヤマウメモドキ。日本海側に分布する日本の固有種ですが、近畿以西ではあまり見られない植物です。

湿原を取り囲むアカガシの林、それは昭和三十年代まで、炭焼きの盛んだったところ。硬いアカガシは良質木炭の材料として最適でした。

火を扱う炭焼きには、湿原が近くにあることは好ましく、材料・製品の運搬の点からも利便性の高い適地でした。山の中の炭窯で焼かれた炭は、丸太を横に並べてその上をソリで滑らせて運ぶ木馬《きんま》と呼ばれる方法で、琵琶湖畔の大浦港から京阪神へ湖上輸送されたのです。

このことが、実は山門の森の水源機能を維持してきました。

人間活動が活発になる、そのエネルギー源として森林の伐採も拡大、森林荒廃……、というのが一般的なパターンですが、「炭焼き山」は違います。

炭焼き用の林は、二〇～三〇年ごと（高級炭材では一〇年以下の例もあり）に伐採されます。そういうと伐採しすぎと思われるかもしれませんが、木炭に適したナラやカシの類は萌芽しやすいために植栽の必要がなく、たとえ皆伐に近い伐り方をしても、林地が裸地化することはありません。そもそも炭焼きで一回に伐採する面積は小さいものということもあって。

こうして、長年に及ぶ人と森林の付き合いの結果として、巧まずして自然と人間との共生的構図は生まれました。つまり、林が正常に運営・利用されている限りは土壌浸食も起こりにくく、地力も維持されます。そのため、森林の生育、水源涵養、国土保全上もさほど大きな問題はなかったのです。もちろん、過剰な利用で禿山化したケースが全くなかったわけではありませんが。

大局的にいえば、このシステムは、自然の保護、もちろん生物多様性保全、環境の保全、資源の永続性などの点で優れたもの。このことは、私の第二の恩師・吉良竜夫先生も、早くから指摘されています（『吉良竜夫著作集一：日本の森林と文化』、二〇一一年）。いま流行の言葉でいえば、まさに「エコ」だったといってもいいと思うのです。

ところで、薪や炭材を採る、つまりかつての熱エネルギーの主役を生産するための林のことを薪炭林と呼びます。落葉樹ではミズナラ、コナラ、クヌギ、常緑樹ではシイ類、カシ類などがその代表樹種。計画的に運営されるときは、一般木材生産林よりは伐期短く、萌芽更新による株立ちの林（口絵）、というのが一般的な理解です。

人間による森林利用というと、「同じ林から、薪も採る。炭材も採る」と思いがちです。しかし実のところは、姿形はほぼ同じながら、薪を採る林と炭材を採る林とは異なるものだったのでした。

大きく分ければ、農家・集落周辺が薪用、それより少し離れ、奥山に踏み込んだところが炭材用です。炭焼きでは、現地に炭窯を造ります。そこに寝泊りして日数をかけて焼き上げ、製品化した木炭を運び出すのが通常でした。薪や材木のままよりも、軽量な炭にした方が運搬も容易になり合理的だったからです。

前作『ことわざの生態学』で、私は、木材をそれぞれの特性に応じた場所に活用することを「適材適所」と言いましたが、この言葉は採取地の使い分けを表すこともできるかも。薪と炭材それぞれの用途に適したところから採る、すなわち、「適『採』適所」。いかがでしょうか。

隠れた才能は名を売らない

「丹波の黒豆」や「丹波大納言」「丹波栗」で全国的に有名な丹波篠山は兵庫県。そのため、丹波といえば兵庫県だけと思われがちですが、昔でいう「丹波の国」は、実は、現在の京都府と兵庫県にまたがっていました。わが京都府立林業大学校があるのも京都府船井郡京丹波町。地元では「こっちが丹波の本家」だと主張する人もあるそうです。

京丹波町は、二〇〇五年に丹波町・瑞穂町・和知《わち》町が合併してできた町で、京都駅からJR山陰線で福知山に向かって北上すること一時間ちょっと。日本海に注ぐ由良川が流れ、その両岸に丹波の山々が迫る穏やかな農山村地で、黒豆、栗、松茸やしめじなどキノコ類、平安時代からの歴史をもつ水菜、由良川の清流が育てた鮎……自然の恵みにあふれています。もちろん林業も盛んで、近くに京都という大消費地を抱えていたこともあり、林業地として長い歴史がありります。京都の林業といえば、枝打ちをして床柱用のまっすぐな材を育てる北山杉が連想されますが、和知周辺の林業はその北山式ではありません。影響がないわけではありませんが、北山林業の中心地からはかなり距離があり、異なるものです。

京丹波町のなかでも和知は、由良川と山陰道があり物流の条件が良かったため、丹波の各地で収穫した材木を集めて整理し、消費地へ送り出す集散地としての役割も果たす、地域の経済の中心地でした。京都林大があるのは、その和知の駅から歩いてすぐのところです。

京都というと平安京のイメージがあまりにも大きく、世界遺産も「古都京都の文化財」と、京都市内ばかりがクローズアップされますが、京都には海も山もあるのです。天橋立という日本三景の一つに数えられる景勝地や、有名な軍港のあった舞鶴は日本海に面しています。また、芦生、京北、美山などに代表される森林は、府の全体面積の四分の三にせまる、七四パーセントを占めています。この森林率は、全国都道府県中一一位。日本全体の森林率は六七パーセントですから、それよりもはるかに多い森林県なのです。そして森林による吸収・固定量（「生涯現役」）というものを試算してみると、京都府の森林が吸収・固定する二酸化炭素量は、森林の年成長量から計算すれば京都府全体からの年間放出量の八パーセントにあたりました。

さすがに京都府もこれをPRしない手はないと思ったのか、二〇一六（平成二十八）年には「森の京都博」と銘打ったキャンペーンも実施されました。その中心的舞台が、その年三月に国定公園に指定されたばかりの「京都丹波高原」でした。京都大学の芦生研究林のある南丹市、綾部市、そしてもちろん京都林大のある京丹波町も含まれています。全国育樹祭のタイミングと合わせて実施され、皇太子殿下（現、天皇陛下）も列席されたその折、京都林大の学生たちが大活躍してくれました。

この京丹波、実は京都市内で生まれ育った私にも浅からぬご縁があります。もう七五年以上も前、太平洋戦争の末期の一九四五（昭和二十）年に京丹波に学童疎開をしていたことがあるのです。当時私は京都師範学校附属国民学校（現、京都教育大学附属京都小中学校）に設置されていた特別科学教育学級の六年生。四年生から六年生までの約六〇人が、京都府立須知農林学校の校内にあった養蚕室を転用した住居と教室でお世話になりました。近所の農家の方が、私たちの目の前でブタをつぶして振舞ってくださったことを覚えています。

この京都府立須知農林学校ですが、一八七六（明治九）年に創立された京都府農牧学校を源流とする、大変歴史の古い学校で、札幌（北海道大学）、駒場（東京大学）とともに「三大農業教育発祥の地」として知られています。その後、船井郡立実業学校、京都府立須知農学校、京都府立須知農林学校と変遷、戦後に京都府立須知高等学校として再出発したのでした。須知《しゅうち》高校の卒業生は毎年のように京都林大に進学してくれており、すでに巣立って地域に貢献している人材も少なくありません。二〇一七（平成二十九）年十二月には新制高校としての創立七〇周年記念式典があり、私も出席しました。

京丹波の地に数十年を経て赴任し、新しい学校で人を育て、森林を育てる仕事にかかわっていること。これには、長い時の流れのなかにご縁を思い感無量です。

どうでしょう、知名度では兵庫の丹波に遅れをとっている感のある京丹波ですが、大したものだと思われませんか。

「隠れた才能は名を売らない」と言ったのは、一五世紀から一六世紀にかけて活躍したオランダの神学者・哲学者のデジデリウス・エラスムスでした。本当にすごい人は、ことさらに名前を売ろうとしない、という意味です。私としては、少々の身びいきもこめて、「京丹波町、実はすごいんだぞ」と、このことばを贈りたいのです。

船頭多くして船山に登る

虫の知らせ

わが家の中庭にはウメの木があり、毎年花が咲きます。いつの頃からか、そこにときどきウグイスが来るようになりました。その姿と鳴き声に春の訪れを実感します。

四季がはっきりしているわが国では、動物の動きと季節感は強く結びついています。「虫の知らせ」といえば予感のことを指しますが、秋の虫など文字どおり虫の鳴き声が季節を知らせてくれるのです。

季節感は文化にも大きな影響を与えています。「入学式にはサクラが咲いてないと盛り上がりに欠ける」から九月を年度はじめとするのは反対という声もあるくらいです。

季節感は日本の文学作品にも不可欠。童謡にも生物と季節がとてもたくさん歌われています。世界最短の詩といわれる俳句はわずか一七字のなかに季語を織り込むのが約束ごとですが、「木曽谷や花見のかなう鯉幟」という拙句があります。木曽谷は春の訪れが遅いから五月にまだサクラが咲いている、その風景を眺めて以前に詠んだものです。

こうした季節の現象は、二〇二一（令和三）年まで気象庁が公式に観測していました。「生物季節観測」と呼ばれるもので、植物の開花や動物の初鳴きの日などを各地の観測点で記録していました。歴史は古く、一九五三（昭和二十八）年に全国で始まっています。対象は、植物ではカラマツ、ノダフジ、ヒガンバナなどの開花や落葉二三種類、動物はウグイスの初鳴き、ツバメの初見、ニホンアマガエルの初見など三四種類でした。

これが二〇二一年から対象が植物だけに縮小され、現在残っているのはアジサイ開花、ウメ開花、カエデ紅葉・落葉、サクラ開花・満開、イチョウ黄葉・落葉、ススキ開花の六種類九現象。約九割が廃止となったわけです。

観測に使う標本木は地方気象台ごとに定められています。多くは気象台の敷地内や近隣で設定されていて、その木を係員が観察し、「開花」「満開」などを宣言します。ちなみに東京のサクラの標本木は靖国神社、以前は大手町の気象台の敷地内にあったものが一九六六（昭和四十一）年に変更されたとか。京都のサクラの標本木は二条城にあります。

気象庁の説明によると、近年は気象台・測候所周辺の生物環境が変化していて、標本木の確保や、対象動物の発見が困難になってきているそうです。二〇二〇（令和二）年十一月、気象庁長官は記者会見で「従来の生物季節観測が、本来はさまざまな気候の変化、あるいは季節の進みや遅れと非常に良い相関を持っていたので、我々にとって意味のある観測だったのですが、現在のような状況になると、そういった相関がほとんどなくなっています」と話し、気象庁による観測は生物の実態調査ではない、気象との相関が薄れてきたのでやめる、と説明しています。

これを聞いて、ちょっと納得がいきませんでした。「標本が確保できない・見つからないから、観測やめます」というのはどうなのでしょう。観測とは、そんなものでしょうか。そもそも、相関が薄れてきたことが重要です。「毎年この時期に姿を見せた動物が見つからなくなった」ということ自体、気候の変化を物語るデータであるはず。降水量の調査の時に雨が降らなかったとしたら、降らなかったことに意味があります。降水量ゼロ＝調査を実施せず、ではありません。

また、近年これまで観測の対象でなかった動物が本来生息しないとされていたところで見つかるようになってきています。首都圏でクマゼミが見られるようになったのもその一例で、それはつまり、その生物の分布が変化したということ。気象予報士の森田正光さんは、「生物季節観測を見直すというのなら、むしろこのように生息域を広げつつあるクマゼミなど、地域に合わせて観測種目を増減するといった方法もあるだろう」と、動物観測の重要性を語っていました。

気象庁の決定に対し、日本生態学会や日本自然保護協会など関連の団体が一斉に抗議の声をあげています。何しろ一九五三年から七〇年にわたって蓄積してきたデータです。資料的価値は計り知れません。

たとえば、平安時代の法師が山で花を見て、それを詠んだ歌があったとします。現代においてその花の咲く季節が観測できれば、その歌の詠まれた時期がわかります。過去の資料に出てくる生物の描写などから特定の時代の気候を知ったり、生物描写からその史料が書かれた季節を推定したりできるわけです。何より、わが国ではその季節現象を農事暦などに具体化して、暮らしに活かしてきました。生物季節観測は、そんな季節感のなかで生活を支え文化を育ててきた国だからこその、世界に誇るべき仕事だったと思うのです。

世界気象機関（WMO：World Meteorological Organization）のレポートによると、生物での季節観測は世界にも多々例があるとか。このレポートが出たのは二〇〇九年で、世界的な気候変動に対処するために、生物季節観測がこれからの時代に重要だと指摘されています。

こうした観測を、日本では国が役所の仕事として実施していました。調査は目視という極めてアナログな方法ですから、係員は対象物を見つけるために走り回ることになります。その手間や人件費は大変なものだったに違いないし、「それ、何の役に立ちますか」といった批判の声も、長らく受けてきたことでしょう。

しかし気象観測に限らず、基礎研究というのは往々にして利益に直結しないもの。「何の役にも立たない」からこそ、お金がかかったとしても国がやり続けるべきだったのではないかと思うのです。

船頭多くして船山に登る

近年の異常気象はどうして起こるのか。その根底にあるのは地球温暖化、すなわち、大気中の「温室効果ガス」の増加といわれています。

温室効果ガスとは、太陽からの直射熱で暖まった地表の熱が外へ逃げるのを妨げ、暖かさを保つように働くガスの総称です。言うなれば温室のガラスの役目を果たすもので、具体的にはメタン、フロンなどがあがりますが、代表は二酸化炭素です。

この温室効果ガスが増加すると、地球に入る太陽放射エネルギーに対して、地表からの放射エネルギーが少なくなり気温は上昇します。つまり、温室のガラスが厚くなり、保温性が高まるという仕組みで、これすなわち温暖化です。

しかし、温室効果ガスそのものは決して悪者ではありません。地球の大気中に〇・〇四パーセントを占めるに過ぎない二酸化炭素は、〇・五パーセントの水蒸気とともに温室効果を発揮して、長年にわたって地球の気温を平均約一四度の「温室」状態に保ってきてくれました。いわば今の地球をつくった功労者です。

人間社会の化石燃料燃焼や森林破壊などによる二酸化炭素の放出量増加は、温室効果を過剰にしました。それに伴い地球温暖化は進行。その進行具合に地域差があることから、気圧や大気の流れに変化が生じ、昨今の異常気象へとつながってきたのです。そう、温室効果ガスを悪者にしたのは他でもない、人間なのでした。

地球温暖化は、実は一九世紀頃から予見されていたことでした。

しかし、実際のところ国際レベルでの対応が具体化したのは、一九八八（昭和六十三）年の世界気象機関（WMO）および国連環境計画（UNEP：United Nations Environment Programme）による気候変動に関する政府間パネル（IPCC：Intergovernmental Panel on Climate Change）の設置でした。

そして生まれた具体的な対応策が、一九九七（平成九）年の気候変動枠組条約締約国会議（COP3）、京都議定書でした。その後も議論は続いています。

ところが、なかなか各国の足並みは揃いません。そればかりか、二〇一一（平成二十三）年のCOP17ダーバン会議では、期限切れになる京都議定書の後の議定書を制定するはずが、まとまる見込みなしとして二〇一五（平成二十七）年のCOP21パリ会議まで先送りする事態になってしまいました。

そのCOP21では、ようやく、一八年ぶりに気候変動枠組条約加盟の一九六カ国のすべてが参加して協定締結。二大排出国のアメリカと中国も批准しました。これがパリ協定です。先進国も途上国もみんな一緒に、温暖化防止のために頑張ろう、という気運が高まりました。ところが二〇一七（平成二十九）年六月、当時アメリカの大統領だったトランプ氏が「地球温暖化はウソ」と言って、協定からの離脱を表明してしまったのです。

地球温暖化への対応は、各国のリーダーの思惑が入り乱れ、それぞれの主張で迷走していきました。その様子は「船頭多くして船山に登る」そのものです。二酸化炭素削減は、この深刻な状況を招いた人間自らが生きていくための、緊急かつ最重要の課題。国際的にも国内的にも利害関係を超えて取り組むべきなのに。

その一方で、何とかしようという努力ももちろん続いています。大統領をバイデン氏に交代したアメリカは、二〇二一（令和三）年二月にパリ協定に正式復帰しました。以降も、毎年のように開催される気候変動枠組条約締約国会議をはじめ地球の環境問題にまつわる国際会議において、各国の代表間で議論が重ねられています。この状況については、「継続は力なり」と言いたくなります。

船頭ばかりが多くて意見が分かれ、船が山に登ってしまうのは困りものですが、世界のリーダーたちが本気で対策を考える会議ならば大歓迎。はやく「大船に乗った気持ち」になりたいものです。

船頭多くして船山に登る

環境問題をめぐる世界の動き

1988年	気候変動に関する政府間パネル（IPCC）設置	
1992年	環境と開発に関する国際連合会議（地球サミット、リオデジャネイロ） 気候変動枠組条約策定	
1997年	気候変動枠組条約第3回締約国会議（COP3、京都） 京都議定書採択	先進国が6つの温室効果ガスを削減する数値目標と目標達成期間が合意するも、アメリカと中国は参加せず
2010年 国際生物多様性年	生物多様性条約締約国会議（COP10、名古屋）	SATOYAMAイニシアティブ
2010年	気候変動枠組条約第16回締約国会議（COP16、カンクン）	工業化以前に比べ気温上昇を2℃以内に抑える大幅削減の必要性の認識を共有
2011年 国際森林年	気候変動枠組条約第17回締約国会議（COP17、ダーバン）	京都議定書に続く議定書制定できずCOP21に先送り 伐採後木材が温室効果ガスの貯蔵庫として計測可能に
2014年	気候変動枠組条約第20回締約国会議（COP20、リマ）	京都議定書に不参加だったアメリカと中国が参加の方向へ
2015年 国際土壌年	国連持続可能な開発サミット SDGs（持続可能な開発目標）採択	
2015年	気候変動枠組条約第21回締約国会議（COP21、パリ） パリ協定採択	2017年アメリカ離脱、2021年復帰

生涯現役

昭和の日本のプロ野球には、多くの名選手が生まれました。中でも印象的なひとりが、南海ホークスや西武ライオンズなどでプレーした野村克也氏です。

野村氏のプロ野球選手生活はなんと二七年、引退後も多くのチームで監督をつとめ、選手・監督のそれぞれで通算三〇〇〇試合出場という大記録も打ち立てました。亡くなる直前まで野球解説者として活躍。「生涯現役」のお手本のような生き方でした。

さて、若き日から最晩年まで、さらには死後まで働くといえば樹木です。昨今、大きな世界的課題となっている二酸化炭素問題。その対応策における森林・木材の働きは、「生涯現役」と呼ぶにふさわしいものです。

森林・木材を通じた炭素問題対応策の要点は、次のように整理されます。

①炭素吸収体としての活力ある森林（若い成長力旺盛な森林）の造成維持
②炭素貯留の場としての大蓄積森林（原生林のような成熟した森林）の長期維持
③放出源としての非保続的（非更新）森林破壊の停止・伐採跡は必ず更新
④木材として、炭素を貯留したままの長期利用

森林の光合成生産物、すなわち炭素化合物の一部は、年々幹などに蓄積されていきます。

この幹という蓄積器官のない草原に比べると、森林の炭素蓄積量は年々増加するため、桁違いに大きいのが特徴です。つまり、森林は炭素を吸収するだけでなく、吸収した炭素を集積する「貯蔵庫」として機能するというわけです。その蓄積速度は若い時期には盛んながら、生育が進むと枯死等の脱落量も増え、蓄積量は頭打ちになっていきます。いわゆる原生林などは、もはや蓄積増加はないものの、長年にわたり積み重ねてきた大きな蓄積量を持っているのが一般的です。

つまり、森林・木材は、若いころは①二酸化炭素を旺盛に吸収、ある程度の年齢になったら②炭素貯留、③伐採されたあとに更新することによってその場所にふたたび①からのサイクルを生み出します。そして伐採された後も、④木材として炭素を貯留し続けるのです。

これまで、「森林伐採」は炭素問題に関してはマイナス行為と捉えられてきましたが、林業においては、伐った跡には森林を回復させるのが昔からの鉄則です。ならば、二酸化炭素の吸収能力の衰えた森林を伐り、よく吸ってくれる若い林に切り替えることは有効といえます。若いうちに鍛えるのが肝要という意味で「鉄は熱いうちに打て」といわれますが、これ似た言葉に「矯めるなら若木のうち」があります。「矯める」とは、形を整える、矯正するという意味ですが、こと二酸化炭素問題に限っては、「『貯』めるなら若木のうち」ということになりそうです。

伐採収穫した木材は炭素を貯めています（絶乾重量の約二分の一は炭素の重量）。それを炭素固定したまま木材として長期間使えば、それは長期間炭素を地上に留めることになり、大気中のものは増えません。つまり、伐採や木材利用は炭素の収穫であり、④貯留として有効なのです。例をあげるなら、法隆寺の伽藍は一三〇〇年もの間、炭素を貯留し、その分大気中の二酸化炭素濃度を低く抑えるのに貢献してきたのでした。

この点が評価されるようになったのは、二〇一一（平成二十三）年十二月のＣＯＰ17（ダーバン）でした。京都議定書の期限延長をめぐる議論で紛糾しましたが、その一方で、「伐採後の木材も温室効果ガスの貯蔵庫として計測」という評価すべき合意が得られました。

森林が光合成によって二酸化炭素を吸い込むことをシンク（Sink）、森林を伐採して燃やしたり、腐らせたりして二酸化炭素を発生させること、つまり二酸化炭素を吐き出すことをソース（Source）、そして、二酸化炭素を貯蔵・貯留することはストック（Stock）といいます。この三つのＳの働きが重要なのです。

シンクとソースという二つのＳのどちらが大きいかという議論は、実は以前からずっとありました。それは裏を返せば、二酸化炭素問題は、この二点だけでずっと語られてきたということです。それがＣＯＰ17でストックがようやく認められたのです。これはわが国もかねがね主張し、私もそうあるべきと論じてきたことで、森林と二酸化炭素問題を扱ううえで、重要な意味をもっています。それが世界的な了解を得たのは喜ばしいことです。

さて、ストックが重視されるとなれば、人工林は二酸化炭素問題に関しては主役であるべきです。なぜなら人工林は、本来成長が大きいことをねらって造成されており、経営計画によっては高蓄積森林への移行も可能。そして木材収穫効率も良いからです。わが国の森林面積の四〇パーセントが人工林ですが、私の計算では、人工林による二酸化炭素吸収量は全森林によるものの七〇パーセント余りに達します。

こうした点から、外国産木材が日本の市場の多くを占めている現状には歯がゆさをおぼえます。これはつまり他国で吸った二酸化炭素を日本で吐き出させているわけで……。森林国・日本としては、あるべき姿を探りたいところです。

ところで野村克也氏のポジションは、チームの要といわれるキャッチャーでした。そして環境問題の要は二酸化炭素対策。森林はその主役です。「頭脳野球」で知られた野村氏のように、冷静なリードでチーム全員の力を引き出し、この事態を打開していきたいものです。

歴史は繰り返す

経済連携協定である環太平洋パートナーシップ（TPP：Trans-Pacific Partnership）。アメリカの離脱など紆余曲折がありながら、二〇一八（平成三十）年十二月三十日に発効しました。目指すのは、国境を越えた各国協力。投資、サービス、人の往来、医療などにも及びますが、その中心課題は貿易自由化、全品目の関税撤廃です。

貿易自由化について、一般にいわれるのは、「工業産物などの輸出産業は売れ行き上昇間違いなし」。その一方で、安価な農産物がどっと輸入されてくるので「国内農林水産業はピンチ」ということです。

後者の代表はコメです。現在、日本は二八〇パーセントという関税をかけて食料自給率を維持し、地域農業・農家を支える基幹作物の保護に努めているのが実情だからです。コメの他、多数輸入している農産物についても同様の対策をとっています。しかしながら、それでも食料自給率は四〇パーセント足らずだといいます。これは先進国の中で最低の水準です。

太平洋諸国間の関税撤廃を目的とする、その趣旨はわかります。しかし、その前に思い出してほしいことがあります。昭和三十年代末の木材の貿易自由化が、国内林業の低迷・山村疲弊を招いたこと。その経緯を振り返ってもらいたいのです。

一九四五（昭和二十）年、敗戦国・日本では戦後復興のために大量の木材を必要としたことから、国産材の価格が高騰しました。そこで安い外国産木材を輸入しやすくしようと関税の撤廃を推進。一九五一（昭和二十六）年に丸太関税撤廃、一九六四（昭和三十九）年には木材貿易完全自由化に至りました。同時に国内では拡大造林政策が進められ、針葉樹人工林が急増しました。その人工林は、現在では木材供給可能なまでに生育しています。

ところが貿易自由化以来半世紀の間に、木材市場は、安くて豊富な外国産木材に席巻されてしまいました。一九五五（昭和三十）年に九六・一パーセントだった木材自給率は、平成十年代には一八・八パーセントにまで落ち込んでしまいます。その後、二〇一一（平成二十三）年からは上昇に転じ、二〇二〇（令和二）年には、四八年ぶりにようやく四〇パーセントを超えるところまで戻してきていますが。

林業不振により、農山村から若い働き手が流出して山林労務は老齢化、そのため人工林の生育に伴って必要となる間伐等の保育手入れも不十分。せっかく、木材を供給できる宝の山である人工林が育っているというのに。

これでは本末転倒ではありませんか。安易な自由化が、林業という日本の基幹産業のひとつを破壊し、さらに農山村を追いつめてしまったのです。森林国・日本において、林業の衰退は全国共通の悩みであり、それは農山村の経済不振だけでなく、国土の環境を守る森林の力の衰えもまたもたらすことを忘れてはなりません。

産業が低迷し、手入れ不足のなかでも、森林資源はある程度は勝手に増えて蓄積されていきました。しかし、農産物の場合にはそれはありません。待つのは、農業・農村の崩壊だけ。関税撤廃、どっと押し寄せる安価な輸入食料、日本農業衰退・壊滅。そこに将来、世界のどこかで、飢饉、戦乱など不測の事態が起こって、農産物輸入が途絶えたとしたら……。決して非現実的な想定ではないでしょう。

「安物買いの銭失い」「ただより高いものはない」などと言います。目先の安さだけを重視していたら、結局は目的を満たせないものを買ってしまったり、リカバリーするためにかえってお金がかかってしまったりすることがある、との戒めです。その言葉どおり、安いものを優先した結果、林業・産業・社会・文化を失ってしまうことになりかねません。

先述のとおり、私たちはかつて、木材の貿易自由化で国内の林業衰退を招きました。どうも今回も同じようなことをしている、同じ轍を踏んでいるような気がしてならないのです。「歴史は繰り返す」という恐ろしい言葉もあります。

今回は木材ではなくて、他ならぬ食糧です。

食べる物のない戦中戦後に空き腹を抱えて育った年代の人間ですから、私には、将来の危機到来時にも「食料は自給できる」体制が維持されていることこそ最低限必要、何にも勝る、と思えてなりません。だから、単純な考えと言われることは覚悟の上で、言いたいのです。

ヒトも動物です。まずともかくは食べ物が必要。それが確保されたうえでの経済戦略、経済成長ではないでしょうか。

ここと思えばまたあちら

ここと思えばまたあちら

京の五条大橋の欄干の上をひらりひらりと飛び移って弁慶を翻弄したのは、牛若丸こと若き日の源義経でした。その様子は、童謡『牛若丸』に「ここと思えばまたあちら」と歌われました。降参した弁慶は義経に忠誠を誓い、その後は右腕として大活躍します。安宅《あたか》の関では大芝居を打ち、平泉では大往生……。歌舞伎や歴史ドラマの愛好者にとっては、おなじみのエピソードです。

近年、マツ枯れやナラ枯れの被害を聞くにつけ、この歌詞が皮肉に思い出されてなりません。マツ枯れ被害は、マツ食い虫によるものといわれます。このマツ食い虫というのは実は通称で、その正体はマツノマダラカミキリとそれが運ぶ線虫、マツノザイセンチュウです。元気なマツにカミキリが線虫を運び込み、マツの体内で線虫大繁殖。それらが樹体内の水の動きを妨げてマツは枯れ、そのマツにカミキリが産卵します。

春、成虫になったカミキリは身体に線虫を着けてマツから飛び出し、今年伸びたばかりのうまそうな新芽を餌にします。そのかじり口から線虫が侵入・繁殖し、結果、マツが赤くなって枯れるのは夏。その枯れは非常に急激です。もっとも最近は、寒い地方を中心に、線虫の侵入から一年持ち越して翌春に赤くなる例も増えているようですが。

マツ枯れの様子は、立木ばかりでなく伐倒後の伐り株からも見てとれます。一般に年輪は、幹の外側では間隔が狭まっていきます。森林が大きく成長するということは立木が混み合ってくるということですから、隣の木との競争関係から互いに成長を制約し合い、直径の成長はだんだんと抑圧されます。そのため幹の断面の年輪幅は外側ほど狭くなってくるものなのです。この現象についてほとんど例外はありません。間伐された木の切り口を見ても、山歩きの際に通りかかった伐採跡で伐根を見ても、ほぼ同じ様子が見られます。ところが、伐倒処理された被害木の伐り株を見ると、その断面の年輪幅は、幹の外側まで広いままです（口絵）。それは、すくすく元気に成長していた木が、線虫にやられて突然に枯れた証拠。これがマツ枯れの特徴なのです。

このマツノザイセンチュウによるマツ枯れですが、実は発見したのは、私のもと同僚です。農林省の林業試験場（現、森林総合研究所）九州支場にて、一九六九（昭和四十四）年のことでした。当初はいくつかの県で確認されるだけだったのですが、その後も「ここと思えばまたあちら」。同時多発的に全国で発生し、現在は北海道以外のすべての都府県で確認されるにいたっています（令和三年度、林野庁）。

さて、昭和の日本に登場して以降猛威をふるっているマツ枯れに続き、平成にはナラ枯れ被害が広がりました。いまやマツ枯れ騒ぎの二の舞の状況になりつつあり、日本の山にとってはもう「泣きっ面に蜂」状態です。

ナラ枯れは、樹木の幹に孔《あな》をあけて入り込むカシノナガキクイムシという小甲虫と、それが運び込む糸状菌が協働して木を枯らしてしまう害。菌は幹のなかで増殖して幼虫の餌になると見られており、木は幹から木屑を出して枯れていきます（口絵）。

標的にされるのはミズナラ、コナラなどのナラ類、アラカシなどカシ類、つまりドングリが実る樹種で、なかでも、コナラの被害が深刻です。マツ枯れの被害が拡大していくなか、その跡地を引き継ぐ樹種の代表がコナラでした。しかしその樹種までもがどんどん枯れていっているわけで、これは大問題です。

京都でも、東山でコナラを中心に被害が広がり、さらに比叡山の山腹はじめ、北の方の森林では夏であっても茶色が目につきます。また、丹波地方の山岳地でもミズナラに枯葉が目立つようになりました。

被害は在来種ばかりでなく外来種にも及びます。二〇〇八（平成二十）年には、京都大学のグラウンドにそびえていたヨーロッパナラも枯死しました（写真）。このナラは、一九三六（昭和十一）年のベルリンオリンピック、三段跳びで一六・〇メートルの世界記録を出し、金メダルに輝いた田島直人選手が、副賞として受けた苗木を母校に寄贈したもの。以降七〇年余り、オリンピックオークの名で親しまれ、樹高も二〇メートルに達していたのですが、残念なことでした。

ナラ枯れの対策としては、伐倒処理、薬品や幹のビニール被覆による防除（口絵）などですが、いろいろと試みは続いているものの、いまひとつ決め手を欠いてお手上げ状態。今のところ、被害木を伐倒処理する以外に、方策はないようです。

マツ枯れもナラ枯れも、一時期よりもいささか下火にはなりましたが、まだまだ油断はなりません。

源義経の「ここと思えばまたあちら」は、彼にとって無二の忠臣を得るというプラスの結果をもたらしましたが、マツ枯れやナラ枯れには、何ひとつメリットはありません。どころか、被害は各地に飛び火しながら広がるばかり。

戦上手で知られた義経。マツノマダラカミキリ・マツノザイセンチュウ・カシノナガキクイムシ連合軍を討ち破る秘策を、我々に授けてはくれないものでしょうか。

常は出ません、今晩かぎり

京都の夏といえば祇園祭です。山鉾巡行は七月十七日と二十四日ですが、それに先立つ数日間、市内中心部に豪奢な山鉾が建ち並びます。夜には提灯がともり、鉾の上からは町内の人々によるお囃子の音が聞こえてきます。

山鉾のまわりでは、「粽《ちまき》」が売られます。この粽、食べるものではなくて厄除けのお守り。御利益は山鉾ごとに異なり、たとえば霰天神山は雷除け・火除けに効き、太子山は智慧を授けてくれるそうです。

粽を売るのは町内の子どもたち、おもに女の子たちの役目です。浴衣を着て、はんなりした京都弁の節回しの歌でお客を呼び込みます。

○○のお守りはこれより出ます
常《つね》は出ません　今晩かぎり

ご信心のおん方さまは　受けてお帰りなされましょう
蝋燭一丁、献じられましょう
常は出ません、今晩かぎり

冒頭「○○」では、その山鉾ごとに御利益の内容が歌われます。宵々山と呼ばれる、山鉾巡行の前々夜あたりからは界隈は歩行者天国になり、蒸し暑いことさえ除けば、まことに良い風情です。

祇園祭の発祥は一〇〇〇年以上前の八六九（貞観十一）年にまでさかのぼります。現在のように山鉾が町を巡行するようになったのは、六五〇年ほど前の南北朝時代末期・室町時代とか。力をつけてきた京都の町衆が、それぞれの町内で競い合うように山鉾をつくったといわれます。京都の職人技の集大成のような、その造形、装飾品の見事さは、まさに「動く芸術品」。山鉾のいくつかは重要有形民俗文化財に指定されています。また巡行の行事そのものも、ユネスコ無形文化遺産に登録されています。

山鉾とひと口にいいますが、その姿は一つずつ違います。大きな長刀鉾や月鉾が有名ですが、カマキリのからくり人形が載っている蟷螂山とか、弁慶と牛若丸の人形がいる橋弁慶山とか、面白いものがあります。

さてその山鉾、どんな材でできているのでしょうか。聞いたところではヒノキが多いようですが、マツやカシも組み合わせて使われているそうです。マツは、曲げに対抗する力が強くて、住宅の梁にもよく使われます。奈良・東大寺の大仏殿でも使われていて、梁材を日向の国で見つけてはるばる運んだという記録もあります。重さが集中する場所には堅いカシが向いていて、山鉾の車輪には特にアカガシを使うそうです。そして石持という車輪を支える部分には、サクラやクロマツ、ケヤキなどが使われているとか。木材の特性に応じた使い方、まさに「適材適所」といえましょう。

この「適材適所」は厳密で、この部位にはこの樹種を使う、などと細かく決められているそうです。国から文化財の指定を受けているわけで、修復するときもそれまでを踏襲せねばなりません。

また、多くの山鉾には、中心に真木《しんぎ》・真松と呼ばれる木が立ててあります。これは神様の憑代となるもので、大半はマツの木が用いられています。

そのマツが最近、なかなか手に入らないそうです。

山鉾の中心に立てる木ですから、主幹がすっと伸びて枝振りの良いものが求められます。そんなマツ、昔はどこにでもあったものですが、最近では、数そのものがぐっと減ってしまいました。昔からあるいろいろな条件を満たすことが、現代では難しいのかもしれません。聞いたところによると、以前は京都周辺で伐り出していたものの、近年は、滋賀県で調達しているそうです。車輪用のアカガシも入手困難で、九州の霧島山系にまで求めに行くこともあるといいます。

マツが減ったのは、日本人が里山を使わなくなって土が肥えてしまったことと、マツ食い虫のせいです（「マツも昔の友ならなくに」「こことと思えばまたあちら」）。京都市周辺も例外でなく、昭和三十年代以降には広葉樹類の進出によってマツが圧迫され衰微、昭和四十年代から始まったマツ枯れが拍車をかけました。マツ激減の事態はかなり深刻で、昨今では、京都の夏、もう一つの象徴ともいえる八月十六日の大文字（五山送り火）で燃やすマツ材についても危機状態、といった報道があるくらいです。

京都が、いや日本が誇る祇園祭や大文字がピンチ。京都人としてこんなに残念なことはありません。粽のように「常は出ません、今晩かぎり」ならば、たとえ逃しても翌年を楽しみに待つこともできますが、祇園祭の山鉾や大文字が「常に出ません」になってしまったら……。

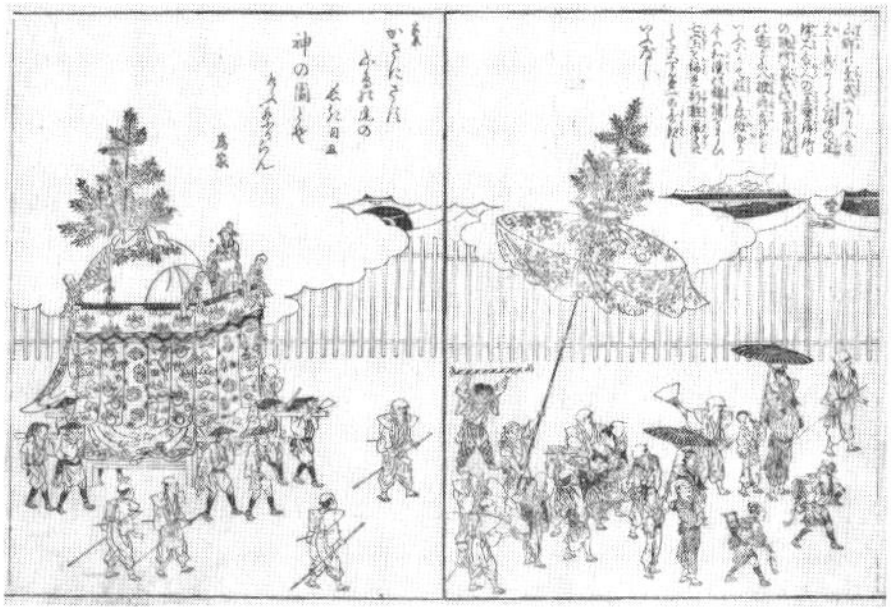

『都名所図会　祇園会』
資料所蔵：国際日本文化研究センター

樹静かならんと欲すれども風止まず

中国古代、前漢の時代の説話集『韓詩外伝』に「樹静かならんと欲すれども風止まず」という一節があります。直訳すると、木が揺れを止めようと思っても風がおさまらないとどうにもならない。という意味ですが、これに続いて「子養わんと欲すれども親待たず」とあることから、親孝行をしようと思ったときにはその親はすでに亡くなっている、だから生きているうちに親孝行をしなさい、ということわざとして使われているそうです。しかし私はこれを、風害にあった樹木の嘆きとして、文字どおりの意味に捉えたいのです。

気候変動の影響でしょうか、世界的な異常気象が続いています。毎年日本にやってくる台風も、近年どんどん激しさを増しているような気がします。

二〇一七（平成二十九）年十月二十二日の二一号、翌二〇一八年八月二十四日の二〇号と九月四日の二一号は、京都に大きな被害をもたらしました。京都府立植物園や京都御苑など私のなじみの場所でも、多くの木が強風になぎ倒されました（口絵）。

そのなかで思い出深い二本の木の話をしましょう。

まずは京都府立植物園のレバノンスギです（写真）。散策路にある水琴窟に近いところに立っていました。二〇一七年十月の台風で倒れ、樹木本体に根がついたままの、いわゆる根倒しの状態で、その先にあったあずまやに倒れかかりました。このレバノンスギという樹種は、ノアの箱舟をつくるときに使われたともいわれる由緒ある木。原産地にも残り少ない希少種だけに、植物園としても何とか復旧させようとしたのでしょう。助け起こし、近くの別の木にワイヤーを渡して固定しました。

ところが翌年九月、台風二一号がまた京都市北部を直撃。園内でも何百本もの樹木が倒れました。植物園として開園する以前からこの地に立っていたというヒマラヤシーダーやメタセコイヤなどの巨木、夜桜ライトアップで有名なサクラ林や九〇本もの木が立ち並ぶクスの並木などの、いわば京都府立植物園のスター選手たちが大きな被害を受けました。

レバノンスギはというと、何とか持ちこたえました。ワイヤーで支えていた方の木が、自らは途中で折れてしまいながらも踏みとどまって守ってくれたのです。思わず、「えらい奴やなあ」と折れた幹を撫でてやりました。

しかしさすがの強運のレバノンスギも、二〇二一（令和三）年、ついに力尽きてしまいました。跡地には今、説明板が立てられています。

思い出の木、もう一本は、京都府立林業大学校最寄りのＪＲ山陰本線和知駅前にあったドイツトウヒです（写真）。

日本の林学・林業が明治以降お手本にしてきたドイツを象徴する木であるドイツトウヒは、林業関連の役所、施設、学校などの場所に植えられることが多い木です。これもそうした歴史ある一本だろう、さすが林業で栄えた和知だと思い、それを京都林大が発行する『林大だより』に書いたところ、駅の整備のために伐採される予定だったのが中止になりました。

以降、和知駅を守る会、和知駅、京都林大連名の説明板まで整えられて街を見守っていたのですが、二〇一八年八月、台風二〇号によって倒れてしまったのでした。その木片は、京都林大でかつて副校長をつとめていた木工作家・木村祐一さんの手によって、小さなアマビエ像に生まれ変わりました。

こうして風に負けた木の話をすると、風に弱く、その被害を受けた後始末が大変なら、はじめから木を植えなければいいという声が聞こえることもあります。しかし、それには大いに反論。樹木の普段の働きをわかっていない意見に他なりません。

「防風林」と呼ばれる、文字どおり風を防ぐ機能をもつ林があります。防風効果は、一般に常緑樹で樹高が高い林帯で大きいといわれます。理想的な防風林ならば、その風速を弱める効果は、林の風下に樹高の三〇倍、風上にも樹高の五倍の距離にまで及ぶとか。

その「理想的な防風林」とは、内陸部では、樹木七列程度の林帯で風力の四割程度を通過させるものとされています。風を通過させるのは、衝立のように風を完全に妨げてしまうと、林帯を乗り越えた風が、風下で渦を巻き、かえって風害を引き起こしやすくなるからです。

沿岸部になると、内陸部よりも広い林帯幅が必要になります。最前線の樹木が潮風によって被害を受けること（塩害犠牲）を考慮する必要があるためです。

また、同様の働きをするものに「鉄道防雪林」があります。雪国の線路脇の森林ではよく見られます。雪国では、雪は上からだけでなく、風によって横からも降ります。線路沿いの林帯は、この強い横からの風を「防風林」として和らげ、一緒にやってくる雪を林内に落として積もらせます。すると、その分だけ線路への積雪が少なくなり、鉄道の運行への支障を軽減することができるのです。

猛烈な台風のときはともかく、日常において、樹木・森林は風を防ぎ、和らげてくれています。生活に重要な場所の周囲に樹木を配置して風を防ぐという手法は、ずっと昔から人間が行ってきた知恵ある策なのでした。

柳に風と受け流す

京都市の北、京北の桟敷ヶ岳を源流として雲ヶ畑、上賀茂を流れてきた賀茂川と、鞍馬・大原方面から岩倉や修学院を経てきた高野川の合流するあたりを、出町柳と呼びます。

合流点のすぐ北側の賀茂川にかかる出町橋のたもとにはその名のとおり、大きなヤナギの木があります。横には「鯖街道」の石碑があって、ここが日本海から京都に海産物を運ぶのに使われた街道口だったことを伝えています（写真）。ヤナギは、見たところ樹齢は数十年から一〇〇年位でしょうか。ヤナギは細長い葉を持ちますが広葉樹です。陰性の針葉樹なら樹齢一〇〇〇年を超えるものもありますが、もともと日当たりが好きな陽性の広葉樹となると、せいぜい寿命は一〇〇年程度で充分長寿のほうです。鯖街道の石碑とともに風景の一部として親しまれてきたのでしょう。

ヤナギといえば、誰もが川岸で揺れるシダレヤナギ（枝垂れ柳）をイメージします。原産は中国で遣唐使が持ち帰ったとされていますが、それより前の時代の歌人・大伴坂上郎女《おおとものさかのうえのいらつめ》の

『万葉集』収録の歌に「うち上る佐保の川原の青柳は　今は春べとなりにけるかも」とあります。もっともこの「青柳」とシダレヤナギとの関係ははっきりしませんが。

それはともかく、ヤナギは日本人との付き合いが深い木です。「柳腰」「柳眉」は美人の代名詞ですし、「柳に雪折れなし」「柳に風と受け流す」「柳の下のどじょう」などという言葉もあります。生活用品の材としてもよく使われており、まな板、碁盤、柳行李、柳箸、経木のほか、燃料用途にも。解熱鎮痛作用があって、歯痛止にも使われたという話もあります。

北海道名産のシシャモは「柳葉魚」と書きます。アイヌの伝説に、昔、飢饉のときに民を助けようとフクロウの女神が柳の葉を川に流したらその葉が魚になったとあります。アイヌ語では柳は「スス」、葉は「ハム」。この柳葉の魚は「ススハム」と呼ばれ、それがなまって「シシャモ」になったそうです。シシャモとヤナギの葉っぱの形、確かに似ていますが、さて。また、時代的、地理的に、シダレヤナギかどうかは断言できないところです。

ところで、ヤナギは落葉樹で、高木種もあれば低木種もあります。

ヤナギ科を大きく分けると、ヤナギ属 *Salix* とハコヤナギ属 *Poplus* があります。ヤナギ属には、シダレヤナギ、ネコヤナギ、コリヤナギ、アカメヤナギ、バッコヤナギ……。ヤナギ属は実は世界に三〇〇種ほどあり、シダレヤナギはその一種にすぎません。シダレヤナギは中国原産としても、それ以外のわが国自生種も数十種あるでしょう。ハコヤナギ属には、国内種ヤマナラシ、ドロノキなどのほかに、外来種のポプラ（セイヨウヤマナラシ）があります。しゃきっと立っているポプラとヤナギが親戚というとちょっと意外な気がしますが、それはシダレヤナギのイメージが強すぎるのかもしれません。

ヤナギという音は、「柳」のほかに「楊」とも書きます。もともとは、枝の垂下するものを「柳」、そうでないものを「楊」、あるいは葉の細長いものを「柳」、丸みを帯びたものを「楊」と使い分けていたようです。さらに、水辺のものを「柳」、乾燥地のものを「楊」と区別していた様子もあります。シルクロードの砂漠の中のオアシスにあるのは「楊」の方なのです。

ヤナギは治水上の策として用水路の脇に植えられることがよくあります。他の樹種では育たないような湿った土地にも、しっかり根を張って土を支えるのです。また、粗朶《そだ》からの発根もあります。粗朶とは切り取った木の枝のことで、それを束ねたものを土木工事などに使います。川の護岸に使われる「柳枝工」という工法は、ヤナギなど水に強い樹木を生のまま材料にして杭を打ち、杭の間を枝で柵状につないで、その中に土石を積んで堤防にするというもの。枝材で籠状のもの（柳籠）を作る場合もあります。そうすると、ヤナギの杭や枝条からも発根して、堤防の緑化が進みます。土止めが、すなわち造林。ヤナギの性質を積極的に利用した工法です。

江戸時代のはじめ、和歌山藩では大がかりな治水工事が行われて、その名も「柳堤」というものがつくられたそうです。このほかにも、ヤナギを使った治水工事や堤防の補強はあちこちで行われたようで、そうした点から、ヤナギについて川岸で揺れる木というイメージができあがっていったのでしょう。

ところで、この出町橋の大ヤナギ、二〇一八（平成三十）年九月の台風二一号で、根元に近いところまで幹が真っ二つに裂けるという大きな被害を受けました。二一号は京都府立植物園でもたくさんの木を倒しましたが（「樹静かならんと欲すれども風止まず」）、それにしても風に強いイメージのヤナギまでがやられてしまったことに、ショックを受けた人も少なくありません。台風の強烈な風を「受け流す」ことができなかったのです。

その痛々しい姿を心配して写真を送ってくださった方があり、そこに「柳に風、柳腰のはずが……」と、嘆く添え書きがありました。

私にとってもなじみの木だけに気になって、何度か見に行きました。さすがにその冬は少々寂しいたたずまいでしたが、早春にはもう新芽が出て、新緑を迎えるころには青々とした葉をたくさんつけていて、胸をなでおろしたのでした。

蛇抜け

気候変動のせいか、年々豪雨が増えています。そして各地で土砂崩れが報じられることも増えてきました。

二〇一四（平成二十六）年八月、広島市の住宅地を襲った土石流災害。同じ山地のなかで平行する何本もの小沢が、連続して同時に土石流を起こしました。被害地域を覆う風化が進んだ花崗岩の「まさ土」は、水に侵食されやすく、土砂崩壊にも弱い表層土。土石の流れが斜面を下るとき、大きな岩石、倒した立木などを巻き込んだため、破壊力が大きくなりました。

森林は普段、水と土を守ってくれています（「水は方円の器に随う」）。森林の水保全と土保全は、そもそも同じ。水が土に浸み込んで保たれることが基本なのですから。水を貯めるからこそ、かえって土が緩んで災害の可能性が高まると考えられることもありますが、そうはいってもやはり、森林がもつ水保全の性質は、基本的にはプラスの面に働くことの方が大きいでしょう。

また、森林の土を守っているのは山の木の根っこです。樹木の細根は土壌をつなぎとめて網をかけたように働き、直根はその網に杭を打ったように働きます。表層の浸食・崩壊を防ぐのに大きな効果があるのです（「縁の下の力持ち」）。

しかしながら、このときの広島の豪雨。森林がそうした効力を発揮できる、いわば許容量を超えたものだったといわざるをえない、あまりにも大規模なものでした。

日本で最近、深刻な土砂災害が多いのは、土砂崩壊を食い止める力が弱くなったことも一因だと考えられます。簡単にいえば、手入れが行き届かなくなった森林が増えて、保水力が落ちてしまったのです（「辛抱する木に金が生る」「角を矯めて牛を殺す」）。


ところで、前述の豪雨でとてつもなく大きな被害にみまわれた広島市安佐南区八木。この被害地の古い地名は、蛇落地悪谷《じゃらくじあしだに》というとの話を耳にしました。八木の地形を見れば扇状地。遠い昔から、土石流が繰り返し発生していた土地であることが推測される地形です。いにしえの人々は、土砂が山から流れ下り荒れ狂うのを、大蛇が暴れるさまに見立てたということでしょうか。

広島から遠く離れた長野県の木曽谷では、土石流のことを古くから「蛇抜け」と呼んでいました。南木曽町読書地区にはその名も蛇抜沢という沢があります。この蛇抜沢のすぐ北にある梨子沢《なしざわ》で、広島と同じ年に土石流災害が発生、現在では、被害にあった場所は広場になり、「平成じゃぬけの碑」が立っています。

さて、大蛇といえば、ヤマタノオロチ（八岐大蛇）を思い出します。頭・尾は八つに分かれ、背にはコケ、スギ、ヒノキ、マツなどが生い茂り、身体の長さは谷八つをわたるほど、といった異形とともに、里に現れては人を襲いその命を奪ってゆくのが常、と、それはそれは恐ろしいものとして『古事記』や『日本書紀』に描かれています。この姿、七つの小沢で発生し、合流して大きくなったという今回の広島の土石流とイメージが重なりませんか（図）。

ヤマタノオロチの出現の場は出雲の国です。つまり、広島と背中合わせの中国山地。古くから製鉄が盛んだったために、その燃料のための森林の伐採があり、禿げ山化が進んで、当然山崩れ・土石流が繰り返されたのでしょう。

このヤマタノオロチを退治したのがスサノヲノミコトです。大蛇を酒で誘いだし、酔って寝たところを斬り殺した神話はおなじみですが、その際に大蛇の尾から剣が出てきたというのは、製鉄で荒れた山が舞台のお話としては、なんとも象徴的ではありませんか。この剣が、天叢雲剣《あめのむらくものつるぎ》、別名、草薙剣《くさなぎのつるぎ》です。

もう一つ、スサノヲノミコトという登場人物にも注目を。彼には、「山の緑化」の元祖みたいな伝説があるのです。

スサノヲノミコトが、髭を抜いて山に散らすとスギになった。胸毛はヒノキに、尻毛はマキに、眉毛はクスノキになった、と『日本書紀』に記述があります。おそらくというか当然というか、かの時代、人工植栽ではなかったはず。しかし、山の緑を育成することが人々の生活を豊かにするのは言うまでもなく、災害を減らし、防止することに役立った例は、きっとあったと思われるのです。

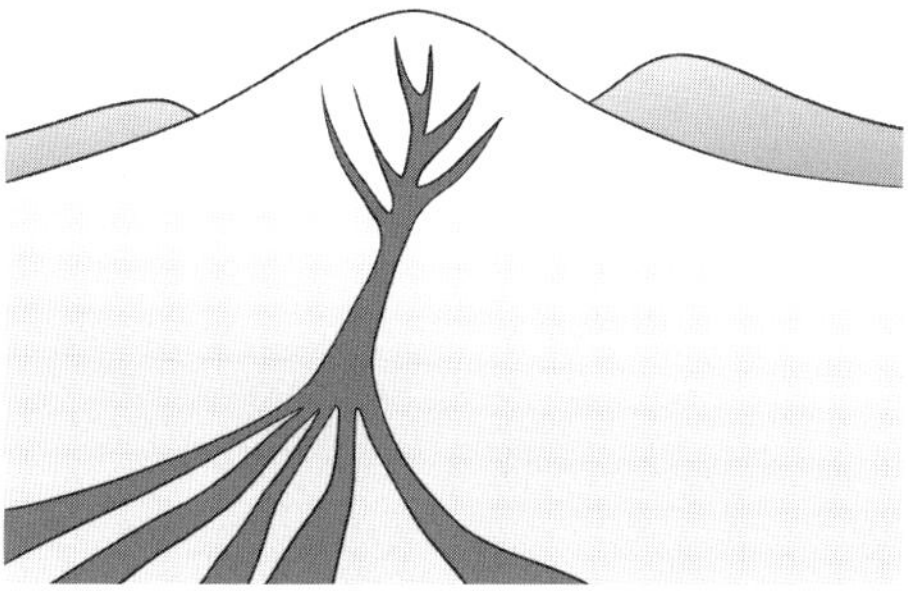

禍転じて福となす

最近、世界中で山火事が頻発するようになりました。異常な高温と乾燥で火災がなかなかおさまらないと聞きます。住宅に被害が出たり人が亡くなったりしていますが、二〇二三（令和五）年八月のハワイ・ラハイナの町の被害は記憶に新しいところです。

このところ毎年のように「史上最悪規模」が更新されているような気がします。戦闘機が出動して消火するとか、山の上から雪を運んで消火するなどの、想像を超えるスケールのニュースも聞かれます。二〇一七（平成三十）年には、山火事の多いカリフォルニア州のブラウン知事が「気候変動による壊滅的山火事は今後、新しい普通のこと（new normal）になる」とコメントしました。まさにその危惧が的中しつつあるようです。

世界気象機関（WMO）のサイトに、二〇一八年七月の気象についてのレポートがあります。それによると、二〇一一～一六年にアメリカ気象学会の機関紙で発表された一〇〇を超える研究のうち半数以上が、最近の異常高温や降水は人間社会からの影響を受けてのものであると報告したとか。異常な高温現象に限れば、この割合はさらに増えるそうです。

「地球温暖化」は、今、地球環境の最大といえる問題。これによって、人類の永続も危惧されています。世界中で山火事が発生しているのも、その危険信号のひとつでしょう。

山火事は落雷や火山噴火などの外的な要因だけでなく、強風で木同士がこすれること、すなわち摩擦によっても起こります。このほか、焚き火、タバコ、火入れなど人為的な発火があります。火入れというのは開発目的の施策で、たとえばアマゾンの森林地帯の開発には焼き畑という手法が使われています。

このような森林にとっては大いなる禍である山火事ですが、ときに福へと転じることもあります。

アメリカ西海岸・シエラネバダ山地のセコイア・キングスキャニオン国立公園には、太く大きな、いわゆる巨木が群生しています。生育している木々のなかには、太く大きな幹に焼け焦げ痕を持つもの、焼けて空洞化した立木なども見られます。これは山火事の痕跡です。

シエラネバダ山地は山火事の多いところで、五〇～六〇年に一度という頻度で発生するそうです。現地の博物館に、こんな掲示がありました。

Life Cycle = Fire Cycle

森林は火事によってつくり出される、といったところでしょうか。発生した山火事は、言うまでもなく、地表の落葉落枝などの堆積物、下層植生や低木類、中層木の葉を燃やしてしまうため、鎮火後見た目には無残な焼け野原が広がります。

しかしそれは、地表が整理されて明るくなった状態ができあがったということを意味します。広がった火は害虫・菌類を殺し、火災で生じた灰は土を肥やします。生態学的には、大きな意義のあることなのです。

また、火事の熱はセコイアの球果を開かせます。中から出てきたタネは、火災による灰で肥えた土に落ちて芽を出すのです。セコイアの樹皮は火に強く、巨木ではその厚さは数十センチメートルにも達します。若い間に火災に耐えたセコイアは、樹皮を発達させ、その樹皮の表面は焦げても幹本体を守ります。こうして巨木が成立するというわけです。かの地の巨木は、実は山火事があったからこそ、今日まで育ってきたといえるのです。ちなみに火事の熱で球果が開いてタネの飛び出す例は、アメリカではマツにも見られます。

山火事の大半は自然発火によるもので、こうした森林更新は自然に行われています。しかし管理された公園においては、その更新を促進させることを目的に人為的に火を放つ場合があります。その作業の手法を control fire や management fire と言いますが、なるほど納得の呼び名です。

アメリカの国立公園には山火事の判定担当専門官という専門職がおかれていると聞きました。山火事の発生時には、気象、特に風、火災の場所、火災の向き、人命への危険性、過去の経歴、などを総合判断して、消火の程度を決定する役割を担っているのだそうです。さらに厳正な自然保護として、自然発生の山火事は「自然の営み」の一部として消さないとしている

「自然保護地」もあります。そこではもちろん山火事拡大防止のために、落枝を整理処置する手入れ作業にも配慮しているのだそうです。

なお、アメリカのセコイア・キングスキャニオン国立公園には、世界一の巨木として有名なGeneral Sherman（シャーマン将軍）と名付けられたギガントセコイアが生育しています。同園にはまた、世界二位のGeneral Grant（グラント将軍）が、山火事によってできた大きな空洞を抱えながら、堂々とそびえています（写真）。

自然は教師なり

引く手あまた

伊勢神宮には、二〇年に一度、式年遷宮という大きな行事があります。

約一三〇〇年前、天武天皇が定め、持統天皇の時代、六九〇（持統天皇四）年に第一回実施。以来、戦国時代には一〇〇年以上中断しながらも二〇年ごとに繰り返し、最近は二〇一三（平成二十五）年に六二回目が行われました。

正殿などの建物を造り替えるのはもちろん、神様の衣裳である御装束、正殿の装飾や器物といった神宝も全て新調して、御神体を新しい宮へ移すというもの。その内容は、ほとんど一三〇〇年前の制度発足の時に決められたとおりだそうです。

二〇年間隔というのは、師匠から弟子へと技術を継いでいくため。若い頃に師匠の仕事を見て学び、ベテランになった頃に、今度は若手を育てるという具合です。建築、御装束や神宝など、ものづくりすべてにかかわることです。

法隆寺など一〇〇〇年をゆうに超える建築物が現存している例からすれば、二〇年ごとに建て替えるとはもったいない気がしないこともありません。社殿の建設に必要なヒノキ材は実に一三八〇〇本、しかもいずれも最高級材です。技術伝承の重要性を考えても、たしかにちょっと贅沢な気がしてしまいます。

しかし、このヒノキ材に、第二、第三の人生があるとしたらどうでしょう。たとえば、内宮正殿の棟木を支える柱（棟持柱）は解体後、内宮・宇治橋の鳥居に、さらに二〇年後には、鈴鹿峠の麓「関の追分」と桑名「七里の渡し」の鳥居に使われるならわしです。つまり、伊勢神宮の棟持柱として二〇年、宇治橋の鳥居として二〇年、鈴鹿と桑名の鳥居として二〇年、少なく見積もっても六〇年は使われるということです。他の材も、末社はもちろん全国の神社の建て替え用材になります。この他、神棚等に、小さな端材はお札に……、といった具合。何しろお伊勢さんの材ですから、人気が高くて順番待ちは大変なことになっているそうです。

「引く手あまた」で、そして「手を変え品を変え」活用されるお伊勢さんのヒノキ材。高級なヒノキ材を存分に生かす、ものすごく由緒のある究極のリユース、リサイクルなのでした。

この御遷宮用のヒノキ材は、長野県の木曽谷などから伐り出されています。御遷宮が始まった当初は神宮神域から伐り出していたものの、たちまち不足。建築用材を伐り出す山のことを御杣山《みそまやま》といいますが、長野県と岐阜県に御杣山がおかれるようになったのは、一三八〇（天授六・康暦二）年の第三六回から。一七〇九（宝永六）年の第四七回以降、該当の山は江戸時代には尾張藩の管轄となり、「木一本、首ひとつ」として盗伐への厳しい取り締まりが行われました。明治以降、御料林（皇室所有）の時代を経て、木曽谷に八〇〇〇ヘクタールの神宮備林が制度として整ったのは一九〇九（明治四十二）年。将来の御用材としての大樹を選定し、管理経営するようになりました。この制度は御料林が国有林になった一九四七（昭和二十二）年に廃止されましたが、神宮備林の一部は今も保護林となって存続しています。

その御用材のヒノキ、御樋代木《みひしろぎ》を伐り出すのが「御杣始祭《みそまはじめ》」であり、これは天皇の血縁者が神宮祭主として天皇の名代で参列される、格式高い神事です。御樋代木というのは、内宮と外宮の御神体を納める器に使うヒノキのことで、その二本は、御遷宮一回に要する一三八〇〇本のなかでも、特に選び抜かれた神聖な木です。条件は、胸高直径六〇～七〇センチメートル、樹高二五～三〇メートル程度の通直（まっすぐ）な幹をもつこと。こうした天然生ヒノキは、木曽では三〇〇～三五〇年生の木です。

さらに、伐採の方法にも決まりがあります。まず内宮用、続いて外宮用を伐倒しますが、このとき、倒れた二本の梢が交差しなければなりません。つまり「遠からず近からず」生育している二本を厳選する必要があります。さらには南向き斜面で、その下に谷川があることも条件なのだそうです。

伐倒の際には「三ツ紐伐《みつひもき》り」あるいは「三ツ緒伐《みつおぎ》り」という方法が取られます（写真）。幹の三方から斧を入れて弦《つる》と呼ばれる三点を幹の外側に残し（三点支持）、幹を伐り抜いて穴を貫通させるやり方です。木が裂けたりひび割れたりといった事態を回避することができる、古くからの貴重材の伐採法であり、神事の際にも用いられるこの手法を伝承しようと、保存会もあると聞きました。

一九八五（昭和六十）年と二〇〇五（平成十七）年、それぞれ式年遷宮の八年前に実施される御杣始祭に参列させていただきました。賑やかで華やかで、厳粛でした。神事のあとの伐採は、伊勢から連れてきた鶏を鳴かせ、それを合図に始まります。伐採終了後に、参列者は散らばっている木屑を拾わせてもらってお守りにします。

ところで、この御杣始祭には一三〇〇年の間、雨が降ったことがないそうです。二〇〇五年のとき、前日の時点で天気予報は雨。式典は省略型にしてご神木の伐倒にはチェーンソーを使って時間短縮をという案も出たそうです。

しかし、周囲が焦っているなか、落ち着いていたのは伊勢神宮の神職の方。きっぱりと「明日は晴れます。この御杣始祭には雨の降った記録がありませんから」と。そして当日は、見事にからりと晴れ、私は日焼けして帰ったのでした。

自然は教師なり

「自然は教師なり。自然を眺めて学び、自然に即して考える」

山岡鉄舟の名言として知られています。鉄舟は「幕末の三舟」と呼ばれたうちの一人。幕臣として勝海舟と西郷隆盛の会談実現に尽力して江戸城無血開城への道を開き、その後は明治政府で要職を歴任しました。剣術家・書家としても名高いこの幕末・明治の偉人が、近代化への道を突き進みながらも、その一方で、自然に対してこのような見識をもっていたことには感嘆を禁じえません。

私はこの言葉を耳にすると、長野県林業大学校初代校長・市川圭一氏の遺作『山に教育あり』（一九八〇年）を思い出します。長野林大は、日本の林業大学校の元祖ともいうべき存在。その理念や手法を、その後に設立された多くの林業校がモデルとしています。

長野林大の開校は一九七九（昭和五十四）年四月。その一年前に、私は、林野庁の林業試験場（現、森林総合研究所）から、長野県松本市にある信州大学理学部に転任しました。

当時、長野県庁林務部に在籍しておられた市川さんは、大学の先輩にあたります。そこへご挨拶に訪れたときのこと。「君、ちょうど良いところへ来てくれた。実は今……」と、話は始まりました。

「県立の林業大学校の設立準備中。開校は来年なんだが、講師に来てくれないかね。講義科目は森林生態学で」

「はぁ、お手伝いさせていただけるかと」

「よーし、決まった！」

……こんな経緯から、私は長野林大外部講師の契約第一号だと自負しています。

市川さんは、設立準備が終わると初代校長に就任。熱心に林大の教育体制づくりに取り組みます。そこには、専門的知識・技術を体系的に教えるだけでなく、一般教養を高め、人格形成を図ろうとする、林業における指導者を育てるための「全人教育」という理念がありました。

自宅や下宿からの通学ではなく、全寮制としたのもその一環。その地に根差して生活を共にすれば、学生同士はもとより地域の皆さんとの交流が深まり、学校だけでは学べない数々のことに触れ、吸収できるだろうという思いから。実際、学生たちは、木曽に古く伝わる神事をはじめ、さまざまな地域の行事などへ積極的に参加してきました。

こうして精力的に学校運営を進めておられた市川さんですが、開校二年目の夏、急逝されました。第一期生の卒業まであと半年を残すばかり。さぞかし心残りであったでしょう。その知らせが届いた授業中の教室では、学生たち、二〇歳前後の若者たちが涙を流したといいます。

昭和の時代には岐阜と長野にしかなかった林業校ですが、平成も後半になった二〇一二（平成二十四）年、京都府立林業大学校が、全国三番目、西日本初の公立林業大学校としてスタートしました。開設前に府庁の方から幾度となくアドバイスを求められた私は、そのたびに長野の市川校長がやってこられたことを思い出しながらお話ししました。そうした流れからか初代校長をつとめることになりました。

その後、日本全国で林業校設立が相次いでいます。二〇二三（令和五）年の林野庁のデータによると、その数すでに二〇超。まさに「林立」状態です。

教壇に立つようになってから、いつも考えていたことがあります。それは「自然を尊敬できる人を育てたい」ということ。その想いは、はじめは漠然と、そして林大で林業技術者養成に携わるなかで、次第にはっきりしたものになってきました。

自然の摂理には、知れば知るほど畏敬の念がわいてくるものです。学生たちには、その摂理にかなったやり方で自然と付き合える、優れた技術者かつ地域のリーダー的存在になってもらいたいと思っています。

林業従事者の高齢化が進む昨今、管理できなくなった山林が増えたり、林業機械が高性能化して運転技術をもつ人材が不足したりといった問題があちこちで生じています。そんな現場では卒業生たちは即戦力。大いに期待され、活躍しています。

しかし、私は京都林大を単なる技術習得のための学校にはしたくないと考えました。実務作業ができる技術を身につけていることは大前提ですが、その作業の意味を理解していてほしい。つまり、たとえばある木を伐採するときに、「なぜこの木を伐るのか」が学理に基づいて説明できるような、専門知識を持った人材を育成したいのです。

自然を愛する人は多いが、自然を尊敬できる人は少ない。これからの林業を担う人には、ぜひ「自然を尊敬できる人」になってもらいたい。折にふれそう言い続けたからなのか、それはいつしか京都林大の教育理念のようになりました。

山岡鉄舟も、きっと自然の摂理を知って感嘆し、尊敬の念を抱いたからこそ「自然は教師なり」の言葉を残したのではないかと思うのです。自然から学び、それに即して考えることが、幕末・明治の激動の時代、国の未来を考えるときに何よりも重要だと。

そんな鉄舟さん。「自然を尊敬できる人を育てたい」という私たちの考えに、きっと賛同してくれるだろうと思うのですが。

実習中の学生たち

兄たり難く弟たり難し

あるところにエコノミーとエコロジーという名前の兄弟がおりました。エコはこの家の屋号で、ギリシャ語で「家・すみか・生活」を意味するオイコスということばを語源としています。

兄のエコノミーは、「eco（家）のnomy（法則）」です。古代からその概念は存在しており、十六世紀の近代化に伴って経済学という学問として躍進。現代の資本主義の礎となり、人間にとって発展した社会がつくられてきました。つまり、われわれ人類は、ずっと彼の恩恵にあずかってきたのです。

これに対して弟のエコロジーはずっと若く、生まれたのは一八六六年、ドイツのヘッケルという学者によって提唱されました。ヘッケルはもともと生物学に詳しく、環境と生物との関係に着目して、やがてそれを生物学の一つの学問分野「生態学」として独立させます。そして、「eco（環境）のlogy（学問）」と名付けました。

同じ家に生まれたエコノミーとエコロジー。兄弟そろって秀でていて優劣決め難いという意味のことわざに「兄たり難く弟たり難し」がありますが、エコ家の兄弟も、まさにそのとおりの優秀な二人です。

ところが、各々の得意分野はかなり違います。兄エコノミーは人間社会の金銭収支、弟エコロジーのほうは生物社会の物質収支とそれを支える環境。得意分野が異なるというだけでなく、利害関係が対立してしまうことも少なくありません。

一つ例をあげましょう。熱帯の森林では、しばしば、そこに生えている木を木材として売って収入を得た後、その土地を畑にします。畑にするのは、手っ取り早く繰り返し収入を得るため。再び木を育てるには時間がかかり、収入が見込める森林に育つまで待ってもいられない。環境保全にかまっている時間もありません。そんな人間の生活を最優先に考えた結果、大切な環境や自然に負担をかける、犠牲にするようなかたちになってしまうのです。つまりこの場面では、兄弟げんかは兄の勝ち。負けた弟のほうからは、森林が提供してきた環境が失われてしまいます。

もちろん、開発計画に対して環境保護の観点からの意見がなされたり、反対運動が起こったりした結果見直しが行われ、開発計画が変更されたり縮小されたりする例もあります。弟の言い分に兄のほうが耳を傾けて、その一部を聞き入れたケースです。

兄弟仲良くしている例がないわけではありません。日本の里山はそれに近いといえるでしょう。里山では、人々は食用に、燃料用にと、自分たちが暮らしていくのに必要なものを必要な分だけ得て、森林が自力で再生できる力を残すというやり方で、身近な森林と共存してきました。この関係性に注目して日本が世界へ発信したのが、「SATOYAMAイニシアティブ」

です（「兎追いし彼の山」）。二〇一〇（平成二十二）年に名古屋で開催された生物多様性条約締約国会議（COP10）でのことでした（「Variety is the spice of life」）。

今までは兄エコノミーによる主導のもと、人類は立派な世界を築いてきました。しかし、このままでは人類が存続できないことに、私たちは気づきつつあります。

兄貴というのは、とかく威張るものです。もしかすると兄エコノミーは自分のこれまでの手柄を誇りに思っているのに、そこに近頃何かと意見をさしはさんでくる弟エコロジーがちょっと煙たく、「弟のくせに生意気な」「俺の天下を弟なんかに渡せるもんか」「今までうまくやってきたんだから文句を言うな」などと思っているかもしれません。

しかし、地球の環境問題は、もう、兄だけの力ではどうにもならないところにきているのではないでしょうか。これからは弟のエコロジーの出番。弟がしっかりしないと、兄貴がこれまで必死に築いた文明すらも危うくなるように思われてなりません。

エコ兄弟には仲良くしてもらわないと困るのです。私たちの oikos（家）、つまり地球は一つしかないのですから。

ところで、中国には、兄弟のことを題材にした故事ことわざがいくつもあるようです。その中から、印象的な二つをご紹介しましょう。

『詩経』にある「兄弟鬩于牆、外禦其務」は、普段は喧嘩ばっかりしている兄弟も、外から侮辱を受けると協力するという意味。身内の絆の強さや大切さを表現するものでしょう。エコ兄弟には、「外からの侮辱」だけでなく、環境問題というお家の一大事に対しても、このような団結心を存分に発揮してくれることを期待したいところ。さらにもうひとつ。「兄弟一条心、黄土変成金」ということわざは、兄弟が心を合わせれば黄土も金になる、つまり不可能なことはないという意味だそうです。

エコ兄弟が力を合わせて頑張れば、人類の発展と地球の環境問題解決を両立できる、うまい道が開けるかもしれません。これこそ、そろって優秀な兄弟に目指してもらいたい姿です。

Variety is the spice of life

二〇一〇（平成二十二）年は国連で定められた「国際生物多様性年」でした。二〇〇二（平成十四）年に企画された「生物多様性の減少速度の減速」の目標年にもあたるということで、COP10が名古屋で開催されました。

COPというのは「締約国会議」の略号です。温室効果ガス対策などについてを話し合っている気候変動枠組条約締約国会議も同じ「COP」なので紛らわしいのですが、こちらは「生物多様性条約締約国会議」です。このCOP10名古屋会議、最終日の日付が変わるまでずれ込んで紛糾しました。

さて、この生物多様性とは何でしょうか。英語ではbiodiversityといいますが、この言葉の解釈、なかなか難しいのです。

よくいわれるのは、「生物多様性の維持」。いろいろな生物が共に生きられる環境を整えましょう、というものです。

単に種の数が多ければよいというものではありません。「多様性」を考える舞台は地球。植物園や動物園のような施設で、人間が世話をして多種の生物を育てるのとは訳が違います。生物は、それぞれ自分で生きていかないといけないのです。

そのために必要なのは空気とか水とか食べ物とか。その「食べ物」は、草とか木とか、虫とか動物。生物が生きていくためには、これまた生物が必要。いろいろな生物が互いに食ったり食われたり、関連しあって生きています。春に開いた若葉を毛虫が食べ、その毛虫を小鳥が食べ、その小鳥を蛇が食べ、その蛇をタカが食べる……。つまり、食物連鎖です。

もちろん同質の生態系ばかりではなく各種さまざまな生態系が混在している方が、生物種の多様性は高くなります。食べられる側の種類が多いということは、食べる側はそれに応じて多種存在できるからです。

生物多様性の維持について考えるとき、この「生態系の多様性」を軸として、「生物種の多様性」「遺伝子の多様性」を加えた三つが柱とされています。「生態系の多様性」が「生物種の多様性」を支えているのは、先ほど述べたとおりです。そして多い種数を維持するということは、それぞれの種が絶えることを防ぐために生物種内の多様性、すなわち「遺伝子の多様性」を保つ必要があります。これら三つの多様性は相互に関係しているので、単にある絶滅危惧種や希少種を守るだけでなく、それを含めて、生態系全体の働きを維持して全体を守るという点に意義があるのです。

生物多様性が失われるとどうなるでしょうか。一番の問題は、我々人間が「生態系サービス」を満足に受けられなくなってしまうということだと、私は考えています。

「生態系サービス」は、生態系の働きによって生み出されるあらゆる便益（物質資源・環境資源・文化資源）を意味する用語です。具体的には食料や各種資材といった資源供給、水や大気などの環境調節、風景・快適性などを含む文化的貢献などがあげられます（「空気のような存在」）。

人間が自然・生物界に求めるさまざまな効用は、その生態系本来の生命活動から生まれくるもの。人間の幸福と福祉、すなわち安全で健康に恵まれ、衣食住足りた幸せな暮らしを支えるのは多様な生態系サービスです。そのなかでも森林の生態系は、この定義どおりの代表的なもの。それが生物多様性に富んでいればいるほど、自然からの人間社会への恩恵は大きく、多種多様になるのです。

こうしたサービスを人間が持続的に受けるためには、繰り返しになりますが生態系が正常に保全されていることが前提です。森林を守ることで二酸化炭素対策になり、水も、水中の生き物も、土も守れます。だから、森林国・日本においては、生物多様性の保全は、すなわち森林生態系を守ることだといえるのです。

イギリスに「Variety is the spice of life」ということわざがあるそうです。教えてくれた孫によると、「変化に富んでいることは人生のスパイスだよね」のように、比較的気楽な感じで使われることが多いようです。

しかしこのことわざ、私としてはちょっと考えるところ。variety を生物多様性、life を地球上の生命、そして spice は料理の味を決める香辛料のような責任重大なものという意味をあえて充ててはいかがでしょう。「生物多様性は、地球上のあらゆる生命にとって必要不可欠な大事なものである」というぐらい、生態学的に、気宇壮大に訳してもいいのではないかと思っています。

足るを知る

毎年秋にメディアを賑わすノーベル賞。ダイナマイトを発明したアルフレッド・ノーベルの遺言により、彼が生前に築いた莫大な資産を原資として、一九〇一年に創設されました。大変な権威のある賞として知られています。

毎年の受賞者には賞金が贈られます。となると、ノーベルの遺産がなくなったときが、ノーベル賞が終わるときなのでしょうか。ノーベル財団はその問いに、「ノーベル賞は未来永劫続きます」と答えるそうです。理由はその利息分だけを毎年の賞金に充てているから。つまり元本はずっと減ることなく保たれているのだそうです。

これはいささか極端な例としても、「利息で暮らす」という言い方があります。庶民にとっては憧れのライフスタイルでもあります。

この元本に手をつけることなく毎年の支出をまかなうという形、実は自然保護でいうところの「保全」だと、私は考えています。

ひと口に「自然保護」と言いますが、そこには少なくとも、保存、保全、防護、修復、維持といった五つの概念が含まれています。このなかで、混同しがちな保存と保全について比べてみましょう。

「保存」は、人手を加えることなく、自然をそのままの状態にしておくこと。保存されている自然はタンス預金のようなものです。家のタンスの引き出しのなかに現金を置いていた場合、使わない限りその金額自体は増えることも減ることもありません。しかし、タンス預金に手をつけずに暮らすためには、日々の生活経費は、別途稼いでこないといけません。

これに対して「保全」は、資源などの価値を人間生活にも持続的に利用できるよう管理すること。もちろんこの利用・管理は自然を荒廃させない、機能を低下させないことが原則です。保全されている自然は銀行などに入れてある預金のようなもの。現実社会では低金利時代が続いていますが、預金には利息が付きます。この利息の範囲を超えないで日々のお金を使っている限り、元本は維持したままで生活できます。

わが国では、「自然保護」とは、「禁伐」「生物を取らないこと」「自然をあるがままにして手を入れないこと」という理解をしている人が多いようです。これは、自然保護の五つの概念のうち、保存にすぎません。保存は、そこの自然の原型を維持することですから、もちろん大切です。たとえば、人間活動が自然の利用に失敗したとき、その自然を回復させるためのお手本になります。

しかしながら、自然を利用して、そこからさまざまな恩恵を受けている動物の一つである「ヒト」は、自然を保存するだけでは生きていけません。だから、保全の考え方が必要となるのです。

保全で重要なのは、「自然の能力を低下させない」、つまり「自然の実力以上に酷使しない」ということが前提になっている点。文字どおり「保って、全うさせる」ことです。

中国の哲学者・老子は「知足者富、強行者有志」と述べており、ここから「足るを知る」ということわざが生まれたといわれています。意味は「満足することを知っている者が本当に豊かな人である」。これって、まさに元本を損なわない範囲に保ちつつ活用するという「保全」の精神を表していると思われませんか。

儒教の経典である『礼記』には、もっと現実的で具体的な記載があります。国の予算を決めるための方法としてあげられている「量入以為出」。収入に応じて支出の計画を立てることが重要だということです。

二〇世紀の終わり頃から地球環境問題がクローズアップされるようになりました。一九九〇年一月、当時のローマ法王ヨハネ・パウロ二世は世界平和デーに寄せたメッセージで「現代社会において、ライフスタイルを真剣に考えなければ、環境問題の解決策は見つからない」と危機感を示しました。また、二〇〇五年に世界的なベストセラーとなった『A Short History of Progress』で、著者のロナルド・ライトは、「If civilization is to survive, it must live on the interest, not the capital, of nature.」、つまり「文明が生き残ろうとするなら、自然の資本ではなく利息で生きなければならない」と述べています。

二〇一五（平成二十七）年、国連サミットでＳＤＧｓ（Sustainable Development Goals：持続可能な開発目標）が採択されました。日本でも「サステナブル」「持続可能」という言葉がよく聞かれるようになり、ＳＤＧｓは企業や団体がこぞって取り組み、今では小中学校の教育現場でも大きく取り扱われるまでになっているようです。また、二〇一八（平成三十）年には、高校の「生物」の学習指導要領に「生態系と人間生活」のテーマが入りました。少しずつですが、自然や生態系を学ぶ機会が増えてきていると感じます。「なるほど、自然ってよくできているなあ」と感心し、自然に尊敬の念を抱く人も増えていくに違いありません。

そこでぜひ、自然の利息で暮らすということの大切さも考えてみてほしいのです。自然の回復力以上の収奪をせずに利息でまかなえる範囲にとどめておけば、その恩恵をこの先も受け続けられる。これこそが「サステナブル」。地球環境問題の解決へとつながるのですから。

今ならきっとまだ間に合う、と、私は信じています。

あとがき

森林と人間の文化のかかわりをテーマにお話ししたり、本を書いたりするようになった昭和の終わり頃からでしょうか、専門分野を問われると「森林雑学」と答えるようになりました。学生時代から文学や古典落語に親しみ、古今東西の映画を観てきたこともあり、いつしかそれらと専門分野とが自分の中で結びついていたのです。前作『ことわざの生態学』は、そんな森林雑学の集大成として出版したものでした。

それから二五年が経ち、ようやく続編を上梓することができました。『日本書紀』が成立したのは七二〇（養老四）年、その続編である『続日本紀』は七九七（延暦十六）年の成立でその間は七七年。さすがにそれほどではありませんが、思いがけず長い時間がかかってしまいました。

その間、森林雑学と離れていたわけではもちろんありません。学会誌や業界誌、ウェブサイト「森林雑学研究室」などを通して、折に触れて発信してきました。

このウェブサイトは、長らく故郷を離れていた私がようやく京都に落ち着いた二〇〇九（平成二十一）年に生まれました。自室に高く積みあがった書籍や資料、写真の山を眺めて「やれやれ、まずはこの整理か……」とため息をついていたときに、当時中学生だった孫に「まだまだ言いたいことがあるでしょう。素敵な写真ももったいないよ」と焚きつけられてのこと。彼女との対話と軽めの解説を掲載し、家族の協力を得て運営しています。

平成生まれの孫にとって、環境問題は生まれたときから存在するテーマです。その世代からの「なぜ」は、とかく妥協しがちな大人たちを撃ち、核心をつくような鋭い指摘から逆に気づかせてもらうことも。ウェブサイトでは、そうした純粋で重要な反応から逃げることなく、言葉をかみ砕いて説明し、また一緒に考えることを心がけています。研究の世界ではあたりまえのことを、若い世代や一般の方にとっていかにわかりやすく伝え、興味を持ってもらうか。専門家のひとりよがりになってはいけない、と。

実際、編集の心得のある二人の娘とイラストも担当する孫、加えて読者代表的な立場の妻のチェックは厳しいものです。「これってどういうこと?」「よくわからない」と容赦なく差し戻されることもしばしば。冷や汗をかいたり、「おもしろい」「納得した」の声に胸をなでおろしたりしながら毎月更新するうち、干支がひとまわり。昨年、ようやく『続 ことわざの生態学』に取りかかろうと決意。過去の記事すべてを洗い直し、ことわざなどに紐づけて、ほぼ全面的に書き下ろしました。ここでも家族が大いに協力。古今東西の偉人の名言や英語のことわざなど、私が思いもよらなかった言葉も引っ張ってきてくれ、ウェブサイト同様に、ああだこうだと作業を進めました。

まとまってきたところで、前作を出してくれた丸善出版に相談。当時の担当者はすでに退職、四半世紀も経っているのでどうかと思いましたが、前任者からの「続編の話が出たら」という申し送りを覚えていてくれた長見裕子さんの尽力で、このたび世に出ることになりました。出版不況のなか、ありがたいことです。

この二五年の間に森林にまつわるさまざまは大きく変化、また進化しました。本書では時に理屈っぽくなりつつも、それらについて言葉を尽くしましたが、ほかにも言いたいことは多々あります。たとえば、環境保護が目的のメガソーラー開発のために、よりによって地球環境を支えている森林を大量に伐採するなど「本末転倒」としか言いようがありません。短期的な対症療法に終始する森林行政には、「急いてはことを仕損じる」と苦言を呈したくなることも。また、私の持論でもある「生態学は現代の聞き耳頭巾」(『ことわざの生態学』「聞き耳頭巾」)に関連しますが、物言わぬ自然がどのようなケアを必要としているのかを把握して適切に対処する。これなどまさに、公文書改竄事件でよく耳にした「忖度」の本来の意味ではありませんか。

まだまだ言い足りませんが、私も卒寿を迎えました。これを機にあれこれを卒業し、次の世代に日本の森林を託すことを考えるようになりました。

日本の森林とともに生き、守っていくみなさんに、拙句を贈らせてください。

育てたい　自然を尊敬できる人

意図するところは、本書を読んでくださった方にはおわかりいただけるでしょう。俳句にしては季語がありませんが、季節ひとつだけを取り上げて讃えるわけにはいきません。四季折々にすばらしい顔を見せ、すぐれた生命循環の仕組み・働きを見せてくれる自然なのですから。ずっと後の世でも森林生態学、また森林雑学が隆盛し、人々に愛されますように。自然を愛し、尊敬することがどうかあたりまえとなりますように。二〇世紀から二一世紀に生きた一人の学者の心からの願いを綴って、あとがきといたします。

二〇二三年、史上最高に暑かった夏の終わりに

只木　良也

著者紹介

只木 良也（ただき よしや）

名古屋大学名誉教授，京都府立林業大学校名誉校長．農学博士

1933年京都市生まれ．1956年京都大学農学部卒業，1961年同大学院農学研究科修了．農林省林業試験場勤務・研究室長を経て，信州大学理学部教授，名古屋大学農学部教授，プレック研究所生態研究センター長，京都府立林業大学校校長を歴任．

専門は造林学，森林生態学，森林雑学．

著書に『ことわざの生態学—森・人・環境考』（丸善），『新版 森と人間の文化史』（NHKブックス），『森の文化史』（講談社学術文庫），『森林環境科学』（朝倉書店），『森林はなぜ必要か』（小峰書店）ほか多数．

2015年　イギリス　キュー・ガーデンにて

続　ことわざの生態学――森・人・環境考

令和6年1月25日　発　行

著作者　只　木　良　也

発行者　池　田　和　博

発行所　丸善出版株式会社
〒101-0051　東京都千代田区神田神保町二丁目17番
編集：電話（03）3512-3263／FAX（03）3512-3272
営業：電話（03）3512-3256／FAX（03）3512-3270
https://www.maruzen-publishing.co.jp

組版印刷・精文堂印刷株式会社／製本・株式会社 松岳社

ISBN 978-4-621-30892-9　C 0040　Printed in Japan